普通高等院校"十四五"精品教材

微机原理与接口技术实验教程

主　编　刘爱军

副主编　田　祎　张　鑫

主　审　樊景博

U0205570

西南交通大学出版社

·成都·

图书在版编目（CIP）数据

微机原理与接口技术实验教程 / 刘爱军主编. —成都：西南交通大学出版社，2021.12

ISBN 978-7-5643-8437-1

Ⅰ. ①微… Ⅱ. ①刘… Ⅲ. ①微型计算机－理论－教材②微型计算机－接口技术－教材 Ⅳ. ①TP36

中国版本图书馆 CIP 数据核字（2021）第 257871 号

Weiji Yuanli yu Jiekou Jishu Shiyan Jiaocheng

微机原理与接口技术实验教程

主编　刘爱军

责任编辑	梁志敏
封面设计	GT 工作室

出版发行	西南交通大学出版社
	（四川省成都市金牛区二环路北一段 111 号
	西南交通大学创新大厦 21 楼）
邮政编码	610031
发行部电话	028-87600564　028-87600533
网址	http://www.xnjdcbs.com
印刷	成都蓉军广告印务有限责任公司

成品尺寸	185 mm × 260 mm
印张	14.75
字数	387 千
版次	2021 年 12 月第 1 版
印次	2021 年 12 月第 1 次
定价	45.00 元
书号	ISBN 978-7-5643-8437-1

课件咨询电话：028-81435775

前　言

"微机原理与接口技术"是高等院校电子、电气、通信和计算机类相关专业开设的一门重要的专业课。该课程在工业自动化和智能制造领域具有广泛的应用，是现代工业控制的主要技术之一。"微机原理与接口技术"实验是培养学生掌握微机系统组成结构、工作原理、接口电路及应用方法的主要教学手段，也是培养学生具备微机系统开发应用能力的必不可少的重要环节。该课程具有很强的应用性和实践性。

为了适应虚拟仿真实验教学改革发展趋势，强化实验教学效果，实现虚实结合的教学模式，本实验教程设计了基于实验组合箱的实物实验和基于 Proteus 的仿真实验相结合的实验项目，通过递进式的实验达到培养学生实践技能的目标。

本书为商洛学院教材立项项目（项目编号：17jcjs003）建设基金资助的校本教材。全书分为四个部分，共 5 章。

第一部分：预备知识（第 1、2 章），介绍数制和编码及数字电路基础知识。

第二部分：基于组合箱的实物实验（第 3、4 章），以西安唐都科教仪器公司的 TD-PITE 实验组合箱为例，介绍基于 80X86 的汇编语言程序设计及微机原理与接口技术实验。其中，第 3 章 8 个实验，第 4 章 14 个实验，共 22 个实验。

第三部分：基于 Proteus 的虚拟仿真实验（第 5 章），介绍 Proteus 仿真软件使用及基于 Proteus 的仿真实验，对应第 2 部分的微机原理及接口技术实物实验，共包含 16 个仿真实验。

第四部分：附录。附录 A：Proteus 个人版安装指南；附录 B：Proteus 元件库元件名称及中英对照表等。

本书的特点：

（1）结合应用型本科计算机类和电子信息类专业的课程体系改革需要，在兼顾基础知识的同时，以强调课程的实践性和应用性。

（2）突出计算机硬件系统和 I/O 处理技术的主要概念，通过系统应用实例，培养学生系统硬件开发和程序设计的综合应用能力，以体现能力为本的教学思想。

（3）采用虚实结合、由浅入深、逐层递减的编写方式，学生既能在课内基于具体实验组合箱完成实物实验，以增强实验的直观性和可操作性；又能在脱离课堂实验室设备的情况下，独立开展虚拟仿真实验，克服传统实验方式课时不足，实验设备数量、时间和场地等限制，以拓展实验空间和方式，提高实践技能、动手能力和自学能力。

（4）提供配套的实验教学资源（含电路设计图及实验程序参考代码）。

特别说明：本书在编写过程中，得到了西安唐都科教仪器公司和广州风标电子技术公司的大力支持，并参考和借鉴了他们的实验设备和软件工具技术资料。在此一并表示诚挚的谢意！

本书由商洛学院刘爱军副教授担任主编，负责全书的规划和统稿；商洛学院田祎、张鑫担任副主编，负责相关章节编写工作；樊景博教授担任主审。书中，第1～3章和附录由刘爱军编写，第4章由张鑫编写，第5章由田祎编写。

由于编者水平有限，加之编写时间仓促，经验不足，不足之处在所难免，敬请各位同行和广大读者批评指正。

编　者

2021 年 11 月

实验程序源代码目录

目 录

第一部分　预备知识

第二部分　基于组合箱的实物实验

第三部分　基于 Proteus 的虚拟仿真实验

第一部分　预备知识

第1章　数制和编码

1.1　数制

1.1.1　数制的概念

数制也称计数制，是指用一组固定的符号和统一的规则来表示数值的方法。通常把按进位计数的原则进行计数的方法，称为进位计数制。比如，在十进制数中，进位计数是按照"逢十进一，借一当十"的原则来进行计数的。在日常生活中，常用的数制主要有：

（1）十位制（Decimal notation）。

（2）二进制（Binary notation）。

（3）八进制（Octal notation）。

（4）十六进制数（Hexdecimal notation）。

1.1.2　进位计数制的基数与位权

"基数"和"位权"是进位计数制的两个要素。

（1）基数。所谓基数，就是进位计数制的每个数位上可能使用的数码的个数。例如，十进制数每个数位上可能使用的数码有 0、1、2、3、4、5、6、7、8、9 十个，所以基数为 10。依次类推，二进制能使用的数码有 0、1 两个数码，故基数为 2；八进制能使用的数码有 0、1、2、3、4、5、6、7 八个数码，故基数为 8；十六进制数能使用的数码有 0、1、2、3、4、5、6、7、8、9 和 A、B、C、D、E、F（或者是小写的 a、b、c、d、e、f）十六个数码，故基数为 16。

（2）位权。所谓位权，是指某数制表示一个数值的每一位上的数字的权值的大小，即基数的若干次幂。例如：十进制数 4567 从低位到高位的位权分别为 10^0、10^1、10^2、10^3，因为 $4567=4\times10^3+5\times10^2+6\times10^1+7\times10^0$。

（3）数的位权表示。任何一种数制的数都可以表示成按位权展开的多项式之和。例如：十进制数的 435.05 可表示为

$$435.05=4\times10^2+3\times10^1+5\times10^0+0\times10^{-1}+5\times10^{-2}$$

位权表示法的特点：每一项等于某位上的数字×基数的若干幂次；而幂次的大小由该数字所在的位置决定。

1.1.3　二进制数

计算机中为何采用二进制？是因为二进制运算简单、电路容易实现、简单可靠、逻辑性强。

（1）定义。按"逢二进一"的原则进行计数，称为二进制数，即每位上计满 2 时向高位进 1。

（2）特点。每个数的数位上只能是 0，1 两个数字；二进制数中最大数字是 1，最小数字是 0；基数为 2。

例如：10011010 与 00101011 是两个二进制数。

（3）二进制数的位权表示：

$$(1101.101)_2=1\times2^3+1\times2^2+0\times2^1+1\times2^0+1\times2^{-1}+0\times2^{-2}+1\times2^{-3}$$

（4）二进制数的运算规则：

① 加法运算

$$0+0=0，1+1=10，0+1=1，1+0=1$$

② 乘法运算

$$0\times0=0，1\times1=1，0\times1=0，1\times0=0$$

1.1.4 八进位制数

（1）定义。按"逢八进一"的原则进行计数，称为八进制数，即每位上计满 8 时向高位进 1。

（2）特点。每个数的数位上只能是 0、1、2、3、4、5、6、7 八个数字；八进制数中最大数字是 7，最小数字是 0；基数为 8。

例如：$(1347)_8$ 与 $(62435)_8$ 是两个八进制数。

（3）八进制数的位权表示：

$$(107.13)_8=1\times8^2+0\times8^1+7\times8^0+1\times8^{-1}+3\times8^{-2}$$

1.1.5 十六进制数

（1）定义。按"逢十六进一"的原则进行计数，称为十六进制数，即每位上计满 16 时向高位进一。

（2）特点。每个数的数位上只能是 0、1、2、3、4、5、6、7、8、9、A、B、C、D、E、F 十六个数码；十六进制数中最大数字是 F，即 15，最小数字是 0；基数为 16；比如：$(109)_{16}$ 与 $(2FDE)_{16}$ 是两个十六进制数。

（3）十六进制数的位权表示：

$$(109.13)_{16}=1\times16^2+0\times16^1+9\times16^0+1\times16^{-1}+3\times16^{-2}$$
$$(2FDE)_{16}=2\times16^3+15\times16^2+13\times16^1+14\times16^0$$

1.1.6 常用数制间的对应关系（见表 1-1）

表 1-1 常用数制间的对应关系

十进制	二进制	八进制	十六进制	十进制	二进制	八进制	十六进制
0	0	0	0	4	100	4	4
1	1	1	1	5	101	5	5
2	10	2	2	6	110	6	6
3	11	3	3	7	111	7	7

十进制	二进制	八进制	十六进制	十进制	二进制	八进制	十六进制
8	1000	10	8	12	1100	14	C
9	1001	11	9	13	1101	15	D
10	1010	12	A	14	1110	16	E
11	1011	13	B	15	1111	17	F

1.2　数制转换

将数由一种数制转换成另一种数制称为数制间的转换。由于日常生活中经常使用的数是十进制数，而在计算机中采用的是二进制数。另外，为了表示和使用方便，还会经常用到八进制和十六进制数，所以在使用中就必须完成不同数制之间的转换。不同数制间的转换可以归结为以下两类方法：① 把其他数制转换为十进制数；② 把十进制数转换为其他数制。非十进制数之间的转换可利用以上两种转换关系完成转换，即先把该数制的数转换为十进制，再将对应的十进制转换为另一种数制的数。

1.2.1　把其他数制转换为十进制数

转换方法：把其他数制转换为十进制数采用"位权法"，也叫科学计数法，即把各其他数制的数按位权展开，写成各数位数码和基数的若干次幂，然后求和就得到了对应十进制数结果。例如：

$$(101.11)_2 = 1 \times 2^2 + 0 \times 2^1 + 1 \times 2^0 + 1 \times 2^{-1} + 0 \times 2^{-2} = (5.75)_{10}$$
$$(10A.1)_{16} = 1 \times 16^2 + 0 \times 16^1 + 10 \times 16^0 + 1 \times 16^{-1} = (266.0625)_{10}$$

1.2.2　将十进制整数转换成其他数制

1. 整数转换方法

将十进制整数化为其他数制整数采用"余数法"，即"除基数取余数"法。把十进制整数逐次用其他进制的基数去除，一直到商是 0 为止，然后将所得到的余数由下而上（先得到的为高为，后得到的为低位）排列即可。

2. 小数转换方法

十进制小数转换成非十进制小数采用"进位法"，即乘基数取整数。把十进制小数不断地用其他进制的基数去乘，直到小数的当前值等于 0 或满足所要求的精度为止，最后所得到的积的整数部分由上而下排列即为所求。

1.2.3　二、八、十六进制数之间转换

1. 二进制数与八进制数转换

（1）把二进制数转换为八进制数时，按"三位并一位"的方法进行。以小数点为界，将

整数部分从右向左每三位一组，最高位不足三位时，添 0 补足三位；小数部分从左向右，每三位一组，最低有效位不足三位时，添 0 补足三位。然后，将各组的三位二进制数按权展开后相加，得到一位八进制数。

（2）将八进制数转换成二进制数时，采用"一位拆三位"的方法进行。即把八进制数每位上的数用相应的三位二进制数表示。

2. 二进制数与十六进制数转换

（1）把二进制数转换为十六进制数时，按"四位并一位"的方法进行。即以小数点为界，将整数部分从右向左每四位一组，最高位不足四位时，添 0 补足四位；小数部分从左向右，每四位一组最低有效位不足四位时，添 0 补足四位。然后，将各组的四位二进制数按权展开后相加，得到一位十六进制数。

（2）将十六进制数转换成二进制数时，采用"一位拆四位"的方法进行。即把十六进制数每位上的数用相应的四位二进制数表示。

1.3 计算机中数的表示

计算机既可以处理数字信息和文字信息，也可以处理图形、声音、图像等信息。然而，由于计算机中采用二进制，这些信息在计算机内部必须以二进制编码的形式表示。也就是说，一切输入计算机的数据都是由 0 和 1 两个数字进行组合的。那么，这些数值、文字、字符或图形是如何用二进制进行编码的呢？

1.3.1 机器数与真值

1. 机器数

数学中正数与负数是用该数的绝对值加上正、负符号来表示。由于计算机中无论是数值还是数的符号，都只能用 0 和 1 来表示，计算机中为了表示正、负数，把一个数的最高位作为符号位：0 表示正数，1 表示负数。例如，如果用八个二进制位表示一个十进制数，则正的 36 和负的 36 可表示为：

$$+36 \longrightarrow 00100100$$
$$-36 \longrightarrow 10100100$$

这种连同符号位一起数字化了的数称为机器数。

2. 真值

由机器数所表示的实际值称为真值。例如：机器数 00101011 的真值为十进制的+43 或二进制的+0101011；机器数 1010011 的真值为十进制的-43 或二进制的-0101011。

1.3.2 原码、发码、补码

1. 原码

正数的符号位用 0 表示，负数的符号位用 1 表示，数值部分用二进制形式表示，称为该数的原码。

例如：

	符号位	数值
$X=+81$	$(X)_原=0$	1010001
$Y=-81$	$(Y)_原=1$	1010001

2. 反码

正数的反码和原码相同，负数的反码是对该数的原码除符号位外各位取反，即"0"变"1"，"1"变"0"。

例如：$X=+81$，$Y=-81$

符号位	数值	符号位	数值
$(X)_原=0$	1010001	$(X)_反=0$	1010001
$(Y)_原=1$	1010001	$(Y)_反=1$	0101110

3. 补码

正数的补码与原码相同，负数的补码是对该数的原码除符号外各位取反，然后加 1，即反码加 1。例如：

$X=+81$，$Y=-81$　　　　　　$(X)_原=(X)_反=(X)_补=01010001$

$(Y)_原=11010001$

$(Y)_反=10101110$

$(Y)_补=10101111$

计算机中，加减法基本上都采用补码进行运算，并且加减法运算都可以用加法来实现。例如：计算十进制数：36－45，可写成：36＋（－45），即

$(36)_{10}-(45)_{10}=(36)_{10}+(-45)_{10}$

$(36)_原=(36)_反=(36)_补=00100100$

$(-45)_原=10101101$

$(-45)_反=11010010$

$(-45)_补=11010011$

而：

$$
\begin{array}{r}
00100100 \cdots\cdots(+36)_{10} \\
+\ 11010011 \cdots\cdots(-45)_{10} \\
\hline
11110111 \cdots\cdots(-9)_{10}
\end{array}
$$

结果正确。

1.4　字符编码

所谓字符编码就是规定用怎样的二进制编码来表示文字和符号。它主要有以下几种：① BCD 码（二-十进制码）；② ASCII 码；③ 汉字编码。

1.4.1　BCD 码

把十进制数的每一位分别写成二进制数形式的编码，称为 BCD 编码或二-十进制编码。

BCD 编码方法很多，但常用的是 8421 编码：它采用 4 位二进制数表示 1 位十进制数，即每一位十进制数用 4 位二进制表示。这 4 位二进制数各位权由高到低分别是 2^3、2^2、2^1、2^0，即 8、4、2、1。这种编码最自然，最简单，且书写方便、直观、易于识别。

例如：十进制数 1998 的 8421 码为 0001 1001 1001 1000。

1.4.2 ASCII 码

ASCII 码是计算机系统中使用得最广泛的一种编码（读作阿斯克伊码）。ASCII 码虽然是美国国家标准，但它已被国际标准化组织（ISO）认定为国际标准。ASCII 码已为世界公认，并在世界范围内通用。ASCII 码有 7 位版本和 8 位版本两种。国际上通用的是 7 位版本。7 位版本的 ASCII 码有 128 个元素，其中通用控制字符 34 个，阿拉伯数字 10 个，大、小写英文字母 52 个，各种标点符号和运算符号 32 个。例如："A"的 ASCII 码值为 1000001，即十进制的 65；"a"的 ASCII 码值为 1100001，即十进制的 97；"0"的 ASCII 码值为 0110000，即十进制的 48。

1.4.3 汉字编码

西文是拼音文字，基本符号比较少，编码比较容易。因此，在一个计算机系统中，输入、内部处理、存储和输出都可以使用同一代码。汉字种类繁多，编码比拼音文字困难，因此在不同的场合要使用不同的汉字编码。

通常有 4 种类型的编码，即输入码、国标码、内码、字形码。

1. 输入码

输入码所解决的问题是如何使用西文标准键盘把汉字输入计算机。有各种不同的输入码，主要可以分为三类：数字编码、拼音编码和字型编码。

（1）数字编码。就是用数字串代表一个汉字，常用的是国标区位码。它将国家标准局公布的 6763 个两级汉字分成 94 个区，每个区分 94 位。实际上是把汉字表示成二维数组，区码、位码各用两位十进制数表示，输入一个汉字需要按 4 次键。数字编码是唯一的，但很难记住。例如"中"字，它的区位码以十进制表示为 5448（54 是区码，48 是位码），以十六进制表示为 3630（36 是区码，30 是位码）。以十六进制表示的区位码不是用来输入汉字的。

（2）拼音编码。是以汉字读音为基础的输入方法。由于汉字同音字太多，输入后一般要进行选择，影响了输入速度。

（3）字型编码。是以汉字的形状确定的编码，即按汉字的笔画部件用字母或数字进行编码。如五笔字型、表形码，便属此类编码，其难点在于如何拆分一个汉字。

2. 国标码

计算机处理汉字所用的编码标准是我国于 1980 年颁布的国家标准（GB2312-80），是国家规定的用于汉字编码的依据，简称国标码。

国标码规定：其编码原则为：用两个字节表示一个汉字字符，每个字节用 7 位码（高位为 0）。在国标码中共收录汉字和图形符号 7445 个，其中汉字 6763 个，按使用的频繁程度又划分为一级汉字和二级汉字两类，一级汉字 3755 个，二级汉字 3008 个，其他图形符号 682 个。国家标准将汉字和图形符号排列在一个 94 行 94 列的二维代码表中，每两个字节分别用两位十进制编码，前字节的编码称为区码，后字节的编码称为位码，此即区位码，如"保"字在二维代码表中处于 17 区第 3 位，区位码即为"1703"。

3. 机内码

汉字内码是在设备和信息处理系统内部存储、处理、传输汉字用的代码。无论使用何种输入码，进入计算机后就立即被转换为机内码。规则是将国标码的高位字节、低位字节各自加上 128。

为了统一表示世界各国的文字，1993 年国际标准化组织公布了"通用多八位编码字符集"的国际标准 ISO/IEC 10646，简称 UCS（Universal Code Set），它为包括汉字在内的各种正在使用的文字规定了统一的编码方法。该标准使用 4 个字节来表示一个字符。其中，一个字节用来编码组，因为最高位不用，故总共表示 128 个组。一个字节编码平面，总共有 256 个平面，这样，每一组都包含 256 个平面。在一个平面内，用一个字节来编码行，因而总共有 256 行。再用一个字节来编码字位，故总共有 256 个字位。一个字符就被安排在这个编码空间的一个字位上。例如，ASCII 字符"A"，它的 ASCII 为 41H，而在 UCS 中的编码则为 00000041H，即位于 00 组、00 面、00 行的第 41H 字位上。又如汉字"大"，它在 GB2312 中的编码为 3473H，而在 UCS 中的编码则为 00005927H，即在 00 组、00 面、59H 行的第 27H 字位上。4 个字节的编码足以包容世界上所有的字符，同时也符合现代处理系统的体系结构。

4. 字形码

字形码是表示汉字字形的字模数据，因此也称为字模码，是汉字的输出形式。通常用点阵、矢量函数等表示。用点阵表示时，字形码指的就是这个汉字字形点阵的代码。根据输出汉字的要求不同，点阵的多少也不同。简易型汉字为 16×16 点阵、提高型汉字为 24×24 点阵、48×48 点阵等。现在我们以 24×24 点阵为例来说明一个汉字字形码所要占用的内存空间。因为每行 24 个点就是 24 个二进制位，存储一行代码需要 3 个字节。那么，24 行共占用 3×24=72 个字节。依此，对于 48×48 的点阵，一个汉字字形需要占用的存储空间为 48/8×48=6×48=288 个字节。

例如，"中"字的内码以十六进制表示时应为 F4E8。这样做的目的是使汉字内码区别于西文的 ASCII，因为每个西文字母的 ASCII 的高位均为 0，而汉字内码的每个字节的高位均为 1。

第2章 基本门电路

在数字电路中，门电路就是实现输入信号与输出信号之间逻辑关系的电路。最基本的逻辑关系只有与、或、非三种，其他任何复杂的逻辑关系都可以用这三种逻辑关系来表示。所以，最基本的逻辑门是与门、或门和非门。

2.1 与门

实现与逻辑关系的电路称为与门。由二极管构成的双输入与门电路及其逻辑符号如图2-1、图2-2所示。图中 A、B 为输入信号，Y 为输出信号。输入信号为 5 V 或 0 V。

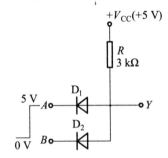

图 2-1 二极管构成的双输入与门电路

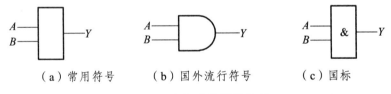

（a）常用符号 （b）国外流行符号 （c）国标

图 2-2 与门电路逻辑符号

由表2-1可知，Y 与 A、B 之间的关系是：只有当 A、B 都是 1 时，Y 才为 1。否则 Y 为 0，满足与逻辑关系，可用逻辑表达式表示为：$Y=A \cdot B$（逻辑乘）。

表 2-1 双输入与门电路真值表

输　入		输出
A	B	Y
0	0	0
0	1	0
1	0	0
1	1	1

2.2　或门

实现或逻辑关系的电路称为或门。由二极管构成的双输入或门电路及其符号如图 2-3、图 2-4 所示。图中图中 A、B 为输入信号，Y 为输出信号。输入信号为 5 V 或 0 V。

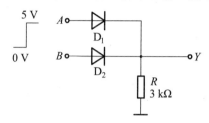

图 2-3　二极管构成的双输入或门电路

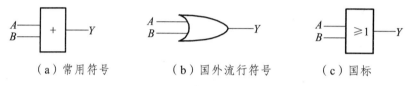

（a）常用符号　　　　　（b）国外流行符号　　　　　（c）国标

图 2-4　或门电路逻辑符号

由表 2-2 可知，Y 与 A、B 之间的关系是：A、B 中只要有一个或一个以上是 1 时，Y 就为 1，只有当 A、B 全为 0 时 Y 才为 0，满足或逻辑关系，可用逻辑表达式表示为：$Y=A+B$（逻辑加）。

表 2-2　双输入或门的逻辑真值表

输入		输出
A	B	Y
0	0	0
0	1	1
1	0	1
1	1	1

2.3　非门

双极型三极管非门的原理电路如图 2-5 所示，非门的逻辑符号如图 2-6 所示所示，非门的真值表如表 2-3 所示。

由表 2-3 可知，Y 与 A 之间的关系是：A=0 时，Y=1；A=1 时，Y=0，满足非逻辑关系，可用逻辑表达式表示为：$Y=\overline{A}$。

2.4　复合门电路

与门、或门、非门是三种基本逻辑门，二极管与门和或门电路简单，缺点是存在电平偏移、带负载能力差、工作速度低、可靠性差。非门的优点恰好是没有电平偏移、带负载能力强、工作速度高。因此常将二极管与门、或门和三极管非门连接起来,构成二极管、三极管复合逻辑门电路。这种门电路称为与非门和或非门,简称 DTL 电路。

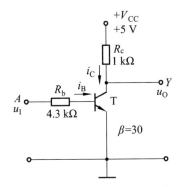

图 2-5 双极型三极管非门电路图

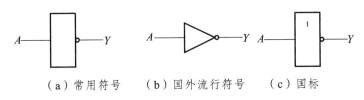

（a）常用符号　　（b）国外流行符号　　（c）国标

图 2-6 双极型三极管非门逻辑符号

表 2-3 非门逻辑真值表

输入	输出
A	Y
0	1
1	0

2.4.1 与非门

图 2-7 为 DTL 与非门的电路图,电路由两部分组成,虚线左边是二极管与门,右边是三极管非门。图 2-8 为与非门的逻辑符号。其真值表如表 2-4 所示。因此,输入和输出之间是与非关系,逻辑表达式为: $Y = \overline{AB}$。

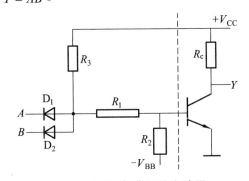

图 2-7 DTL 与非门的电路图

11

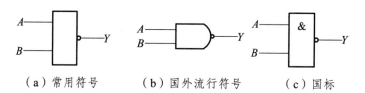

（a）常用符号　　　（b）国外流行符号　　　（c）国标

图 2-8　与非门的逻辑符号

表 2-4　与非门的真值表

A	B	Y
0	0	1
0	1	1
1	0	1
1	1	0

2.4.2　或非门

图 2-9 为或非门的电路图，电路由两部分组成，虚线左边是二极管或门，右边是三极管非门。图 2-10 为或非门的逻辑符号。其真值表如表 2-5 所示。因此，输入和输出之间是或非关系，逻辑表达式为：$Y = \overline{A+B}$。

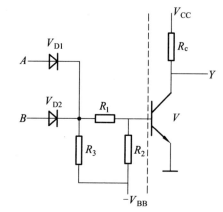

图 2-9　DTL 或非门的电路

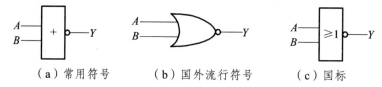

（a）常用符号　　　（b）国外流行符号　　　（c）国标

图 2-10　DTL 或非门的逻辑符号

表 2-5　或非门的真值表

A	B	Y
0	0	1
0	1	0
1	0	0
1	1	0

2.4.3　异或门和同或门

1. 异或门的逻辑电路

（1）异或门的逻辑符号如图 2-11 所示：

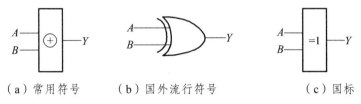

　（a）常用符号　　　　（b）国外流行符号　　　　（c）国标

图 2-11　异或门逻辑符号

（2）异或门的真值表如表 2-6 所示，逻辑电路图如图 2-12 所示：

表 2-6　异或门真值表

A	B	Y
0	0	0
0	1	1
1	0	1
1	1	0

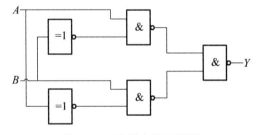

图 2-12　逻辑电路示意图

（3）逻辑函数表达式：$Y = A\overline{B} + \overline{A}B = A \oplus B$

从异或门真值表中可知，当输入 A、B 取值相同时，输出 Y 为低电平；而当输入取值相反（异）时，输出才为高电平。这种逻辑称为异或逻辑，异或门的输出逻辑表达式为：$Y = A \oplus B = A\overline{B} + \overline{A}B$。式中，$\oplus$ 符号表示异或运算。

2. 同或门的逻辑电路

（1）同或门的逻辑符号如图 2-13 所示：

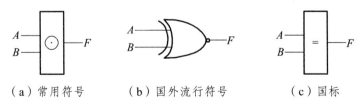

　（a）常用符号　　　　（b）国外流行符号　　　　（c）国标

图 2-13　同或门逻辑符号

（2）同或门真值表如表 2-7 所示，逻辑电路图如图 2-14 所示：

表 2-7　同或门真值表

A	B	Y
0	0	1
0	1	0
1	0	0
1	1	1

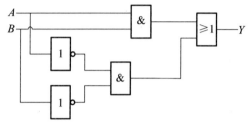

图 2-14　同或门逻辑电路示意图

（3）同或门的逻辑函数表达式：$Y = \overline{A}\,\overline{B} + AB = A \cdot B$

异或门和同或门的真值表如表 2-8 和表 2-9 所示：

表 2-8　异或门真值表

A	B	Y
0	0	0
0	1	1
1	0	1
1	1	0

表 2-9　同或门真值表

A	B	Y
0	0	1
0	1	0
1	0	0
1	1	1

同或门又称异或非门。从同或门真值表中可知，当两输入 A、B 取值相同时，输出 Y 为高电平；而当两输入取值不同时，输出才为低电平。这种逻辑称为同或逻辑，同或门的输出逻辑表达式为：$Y = A \odot B = AB + \overline{A}\,\overline{B}$，式中 $\odot$ 符号表示同或运算。

2.5　三态门

三态门简称 TSL，它是在普通门的基础上，加上使能控制信号和控制电路构成的。图 2-15（a）所示为三态门的逻辑符号，其中 E 为控制信号端，又称为使能端，A 为信号输入端，Y 为输出端。

当 $E=0$ 时，电路处于高阻状态。当 $E=1$，$Y = \overline{A}$，$A=0$ 时 $Y=1$，为高电平；$A=1$ 时 $Y=0$，为低电平，实现与非功能。可见电路的输出有高阻态、高电平和低电平 3 种状态，所以称此门电路为高电平有效三态门。由于 TSL 门处于高阻状态时电路不工作，所以高阻态又叫作悬浮状态或禁止状态。

还有一种三态输出与非门电路，将控制信号经一非门后再送到与非门的控制输入端。显然，当 $E=0$ 时，电路也实现与非功能，并有两种可能的状态；而当 $E=1$ 时，电路处于高阻输出状态，即禁止状态，这种三态门称为低电平有效三态门，其逻辑符号如图 2-15（b）所示。

三态门应用广泛，常用作计算机系统中各部件的控制级。这时多个 TSL 门输出端共同连接在同一总线上，可以轮流传送几组不同的数据或控制信号。如图 2-16 所示，当 E_1、E_2、E_3 … E_n 轮流接低电平时，A_1、A_2、A_3 … A_n，n 组数据按与非关系顺序传送到总线上，而当各门控制端 E_1、E_2、E_3 … E_n 为高电平时，门为禁止状态，数据 A 不被传送。

（a）高电平有效三态输出与非门逻辑符号　　　（b）低电平有效三态输出与非门逻辑符号

图 2-15　三态门逻辑符号

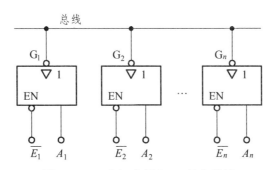

图 2-16　三态门应用之一　单向总线

第二部分　基于组合箱的实物实验

第3章 汇编语言程序设计实验

本章主要介绍汇编语言程序设计，通过实验来学习基于 80X86 的汇编语言指令系统、寻址方式以及汇编语言程序设计的基本方法，同时掌握联机软件的使用。本章实验项目共有 8 个。

为满足不同专业的实验要求，其中实验名称不带 "*" 号的为基本实验，带 "*" 号的为选做实验。建议各专业可根据本专业实际课程开设情况，结合实验大纲需要和实验课时要求，合理选做相关实验。如果独立开设过汇编语言程序设计课程的计算机类专业，建议可以只选做本章 3.1 系统认识实验，熟悉实验组合箱基本使用方法后，直接跳过本章其他实验，选择第 4 章微机原理与接口技术实验内容。

3.1 系统认识实验

3.1.1 实验目的

掌握 TD 系列微机原理及接口技术教学实验系统的操作，熟悉 Wmd86 联机集成开发调试软件的操作环境。

3.1.2 实验内容

编写实验程序，将 00H～0FH 共 16 个数写入内存 3000H 开始的连续 16 个存储单元中。

3.1.3 实验步骤

（1）运行 Wmd86 软件，进入 Wmd86 集成开发环境。

（2）根据程序设计使用语言的不同，在"设置"下拉列表选择需要使用的语言和寄存器类型，这里我们设置成"汇编语言"，如图 3-1 所示。设置选择后，下次再启动软件，语言环境保持这次的修改不变。本章选择 16 位寄存器。

图 3-1 语言环境设置界面

（3）完成语言和寄存器选择后，点击新建或按 Ctrl+N 组合键新建一个文档，如图 3-2 所示。默认文件名为 Wmd861。

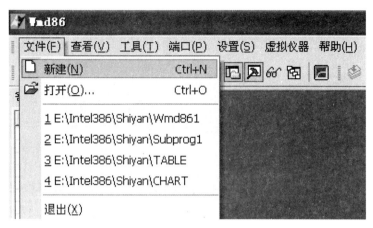

图 3-2 新建文件界面

（4）编写实验程序，如图 3-3 所示，并保存，此时系统会提示输入新的文件名，输入完成后点击保存。

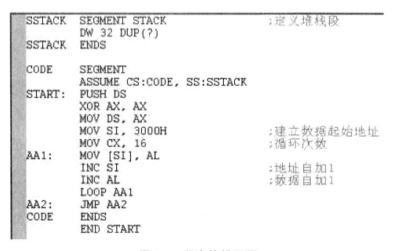

图 3-3 程序编辑界面

（5）点击 ，编译文件，若程序编译无误，则可以继续点击 进行链接，链接无误后方可以加载程序。编译、链接后输出如图 3-4 所示的输出信息。

图 3-4 编译输出信息界面

（6）连接 PC 与实验系统的通信电缆，打开实验系统电源。

（7）编译、链接都正确并且上下位机通信成功后，就可以下载程序、联机调试了。可以通过端口列表中的"端口测试"来检查通信是否正常。点击■下载程序。■为编译、链接、下载组合按钮，通过该按钮可以将编译、链接、下载一次完成。下载成功后，在输出区的结果窗中会显示"加载成功！"，表示程序已正确下载。起始运行语句下会有一条绿色的背景，如图 3-5 所示。

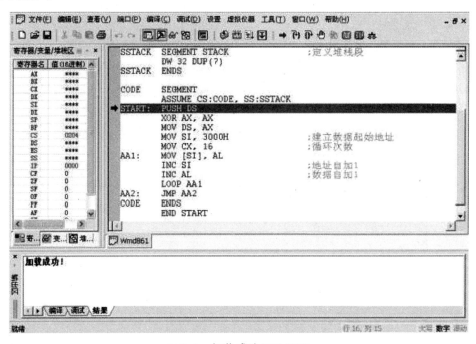

图 3-5　加载成功显示界面

（8）将输出区切换到调试窗口，使用 D0000：3000 命令查看内存 3000H 起始地址的数据，如图 3-6 所示。存储器在初始状态时，默认数据为 CC。

图 3-6　内存地址单元数据显示

（9）点击按钮■运行程序，待程序运行停止后，通过 D0000：3000 命令来观察程序运行结果，如图 3-7 所示。

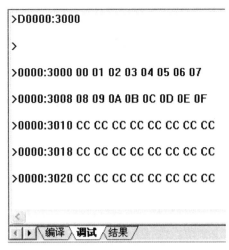

图 3-7　运行程序后数据变化显示

（10）也可以在程序中设置断点，断点显示如图 3-8 所示，然后运行程序。遇到断点时程序会停下来，此时可以观察数据。可以使用 E0000：3000 来改变该地址单元的数据，如图 3-9 所示，输入 11 后，按"空格"键，可以接着输入第二个数，如 22，结束输入按"回车"键。实验例程文件名为 Wmd861.asm。

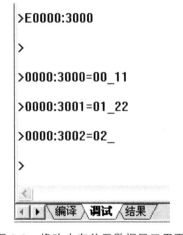

```
        LOOP AA1
●AA2:   JMP AA2
 CODE   ENDS
        END START
```

图 3-8　断点设置显示

图 3-9　修改内存单元数据显示界面

3.1.4　实验程序

汇编语言参考程序：A3-1.ASM。

A3-1.ASM 下载

```
SSTACK SEGMENT STACK              ;定义堆栈段
DW 32 DUP(?)
SSTACK ENDS
CODE    SEGMENT
ASSUME CS:CODE,  SS:SSTACK
START: PUSH DS
```

```
        XOR AX, AX
        MOV DS, AX
        MOV SI, 3000H              ;建立数据起始地址
        MOV CX, 16                 ;循环次数
        AA1: MOV [SI], AL
        INC SI                     ;地址自加 1
        INC AL                     ;数据自加 1
        LOOP AA1
        AA2: JMP AA2
        CODE ENDS
        END START
```

3.1.5 实验扩展

编写程序，将内存 3A00H 单元开始的 10 个数据复制到 3B00H 单元开始的数据区中。通过调试验证程序功能，使用 E 命令修改 3A00H 单元开始的数据，运行程序后使用 D 命令查看 3B00H 单元开始的数据。

3.2 运算类编程实验

3.2.1 实验目的

（1）掌握使用运算类指令编程及调试方法。
（2）掌握运算类指令对各状态标志位的影响及其测试方法。
（3）学习使用软件监视变量的方法。

3.2.2 实验内容

80X86 指令系统提供了实现加、减、乘、除运算的基本指令，可对表 3-1 所示的数据类型进行算术运算。

表 3-1　数据类型算术运算表

数 制	二进制		BCD 码	
	带符号	无符号	组合	非组合
运算符	+、−、×、÷		+、−	+、−、×、÷
操作数	字节、字、多精度		字节（二位数字）	字节（一位数字）

1. 二进制双精度加法运算

计算 $X+Y=Z$，将结果 Z 放入存储单元。实验程序参考例程。

本实验是双精度（2 个 16 位，即 32 位）加法运算，编程时可利用累加器 AX，先求低 16 位的和，并将运算结果存入低地址存储单元，然后求高 16 位的和，将结果存入高地址存储单元中。由于低 16 位运算后可能向高位产生进位，因此高 16 位运算时使用 ADC 指令，这样在

低 16 位相加运算有进位时，高位相加会加上 CF 中的 1。

2. 十进制的 BCD 码减法运算

计算 $X - Y = Z$，其中 X、Y、Z 为 BCD 码。实验程序参考例程。

3. 乘法运算

实现十进制数的乘法运算，被乘数与乘数均以 BCD 码的形式存放在内存中，乘数为 1 位，被乘数为 5 位，结果为 6 位。实验程序参考例程。

3.2.3 实验步骤

1. 加法实验步骤

（1）编写程序（例程文件名为 A3-2-1.ASM），经编译、链接无误后装入系统。

（2）程序装载完成后，点击"变量区"标签将观察窗切换到变量监视窗口。

（3）点击 🔓，将变量 XH，XL，YH，YL，ZH，ZL 添加到变量监视窗中，然后修改 XH，XL，YH，YL 的值，如图 3-10 所示，修改 XH 为 0015，XL 为 65A0，YH 为 0021，YL 为 B79E。

图 3-10　变量监视窗口

（4）在 JMP START 语句行设置断点，然后运行程序。

（5）当程序遇到断点后停止运行，查看变量监视窗口，计算结果 ZH 为 0037，ZL 为 1D3E。

2. 减法实验步骤

（1）输入程序（例程文件名为 A3-2-2.ASM），编译、链接无误后装入系统。

（2）点击 🔓 将变量 X，Y，Z 添加到变量监视窗中，并为 X，Y 赋值，假定存入 30 与 11 的 BCD 码，即 X 为 0300，Y 为 0101。

（3）在 JMP START 语句行设置断点，然后运行程序。

（4）程序遇到断点后停止运行，观察变量监视窗，Z 应为 0109。

3. 乘法实验步骤

（1）编写程序（例程文件名为 A3-2-3.ASM），编译、链接无误后装入系统。

（2）查看寄存器窗口获得 CS 的值，使用 U 命令可得到数据段的段地址 DS，然后通过 E

命令为被乘数及乘数赋值，如被乘数：05 07 03 09 02，乘数：01，方法同实验内容 1。

（3）运行程序，待程序运行停止。

（4）通过 D 命令查看计算结果，应为：05 07 03 09 02；当在为被乘数和乘数赋值时，如果一个数的低 4 位大于 9，则查看计算结果将全部显示为 E。

3.2.4 实验程序

1. A3-2-1.ASM（加法程序）

```
SSTACK SEGMENT STACK
DW 64 DUP(?)
SSTACK ENDS
PUBLIC XH, XL, YH, YL
PUBLIC ZH, ZL
DATA SEGMENT
XL    DW ?          ;X 低位
XH    DW ?          ;X 高位
YL    DW ?          ;Y 低位
YH    DW ?          ;Y 高位
ZL    DW ?          ;Z 低位
ZH    DW ?          ;Z 高位
DATA ENDS
CODE  SEGMENT
      ASSUME CS:CODE, DS:DATA
START: MOV AX, DATA
      MOV DS, AX
      MOV AX, XL
      ADD AX, YL     ;X 低位加 Y 低位
      MOV ZL, AX     ;低位和存到 Z 的低位
      MOV AX, XH
      ADC AX, YH     ;高位带进位加
      MOV ZH, AX     ;存高位结果
      JMP START
CODE ENDS
      END START
```

2. A3-2-2.ASM（减法程序）

```
SSTACK SEGMENT STACK
      DW 64 DUP(?)
```

```
SSTACK ENDS
PUBLIC X, Y, Z
DATA SEGMENT
X    DW ?
Y    DW ?
Z    DW ?
DATA ENDS
CODE SEGMENT
    ASSUME CS:CODE, DS:DATA
START: MOV AX, DATA
    MOV DS, AX
      MOV AH, 00H
    SAHF
    MOV CX, 0002H
    MOV SI, OFFSET X
    MOV DI, OFFSET Z
A1:    MOV AL, [SI]
      SBB AL, [SI+02H]
    DAS
    PUSHF
    AND AL, 0FH
    POPF
    MOV [DI], AL
    INC DI
    INC SI
    LOOP A1
    JMP START
CODE ENDS
    END START
```

3. A3-2-3.ASM（乘法程序）

A3-2-3.ASM 下载

```
SSTACK SEGMENT STACK
        DW 64 DUP(?)
SSTACK ENDS
DATA    SEGMENT
DATA1  DB 5 DUP(?)        ;被乘数
DATA2  DB ?               ;乘数
RESULT DB 6 DUP(?)        ;计算结果
```

```
       DATA    ENDS
       CODE    SEGMENT
               ASSUME CS:CODE,DS:DATA
       START:  MOV AX,DATA
               MOV DS,AX
               CALL INIT                 ;初始化目标地址单元为 0
               MOV SI,OFFSET DATA2
               MOV BL,[SI]
               AND BL,0FH                ;得到乘数
               CMP BL,09H
               JNC ERROR
               MOV SI,OFFSET DATA1
               MOV DI,OFFSET RESULT
               MOV CX,0005H
       A1:     MOV AL,[SI+04H]
               AND AL,0FH
               CMP AL,09H
               JNC ERROR
               DEC SI
               MUL BL
               AAM                       ;乘法调整指令
               ADD AL,[DI+05H]
               AAA
               MOV [DI+05H],AL
               DEC DI
               MOV [DI+05H],AH
               LOOP A1
       A2:     JMP A2
       ;===将 RESULT 所指内存单元清零===
       INIT:   MOV SI,OFFSET RESULT
               MOV CX,0003H
               MOV AX,0000H
       A3:     MOV [SI],AX
               INC SI
               INC SI
               LOOP A3
               RET
       ;===错误处理===
       ERROR:  MOV SI,OFFSET RESULT  ;若输入数据不符合要求
               MOV CX,0003H              ;则 RESULT 所指向内存单
               MOV AX,0EEEEH             ;元全部写入 E
```

```
A4:      MOV [SI],AX
         INC SI
         INC SI
         LOOP A4
         JMP A2
CODE     ENDS
         END START
```

3.2.5 实验扩展

改变 X，Y 的值，观察加法、减法、乘法运算结果的变化。

3.3 分支程序设计实验

3.3.1 实验目的

（1）掌握分支程序的结构。
（2）掌握分支程序的设计、调试方法。

3.3.2 实验内容

设计一数据块间的搬移程序。设计思想：程序要求把内存中某一数据区（称为源数据块）传送到另一存储区（成为目的数据块）。源数据块和目的数据块在存储中可能有三种情况，如图 3-11 所示。

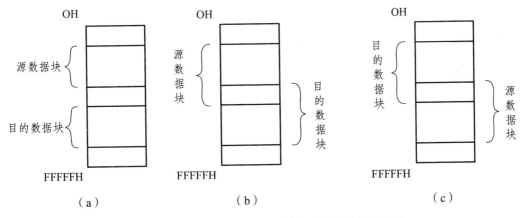

图 3-11 源数据块与目的数据块在存储中的位置情况

对于两个数据块分离的情况，如图 3-11（a）所示，数据的传送从数据块的首地址开始，或从数据块的末地址开始均可。但是对于有重叠的情况，则要加以分析，否则重叠部分会因"搬移"而遭到破坏，可有如下结论：

（1）当源数据块首地址＜目的块首地址时，从数据块末地址开始传送数据，如图 3-11（b）所示。

27

（2）当源数据块首地址＞目的块首地址时，从数据块首地址开始传送数据，如图 3-11（c）所示。

实验程序流程如图 3-12 所示。

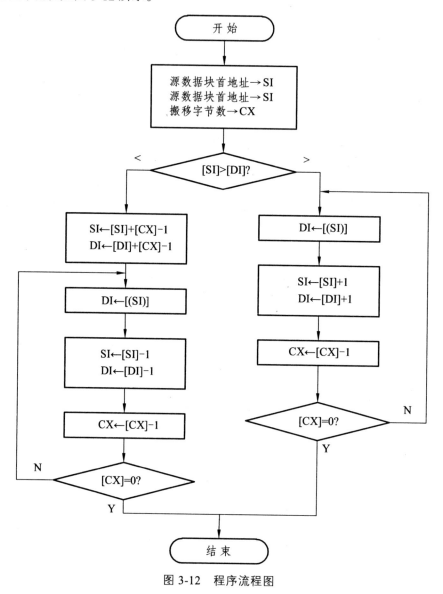

图 3-12　程序流程图

3.3.3　实验步骤

（1）按流程图编写实验程序（例程文件名为 A3-3.ASM），经编译、链接无误后装入系统。

（2）用 E 命令在以 SI 为起始地址的单元中填入 16 个数。

（3）运行程序，待程序运行停止。

（4）通过 D 命令查看 DI 为起始地址的单元中的数据是否与 SI 单元中数据相同。

（5）通过改变 SI、DI 的值，观察在三种不同的数据块情况下程序的运行情况，并验证程序的功能。

3.3.4 实验程序

1. A3-3.ASM

```
SSTACK SEGMENT STACK
       DW 64 DUP(?)
SSTACK ENDS
CODE   SEGMENT
       ASSUME CS:CODE
START: MOV CX, 0010H
       MOV SI, 2500H
       MOV DI, 2900H
       CMP SI, DI
       JA A2
       ADD SI, CX
       ADD DI, CX
       DEC SI
       DEC DI
A1:    MOV AL, [SI]
       MOV [DI], AL
       DEC SI
       DEC DI
       DEC CX
       JNE A1
       JMP A3
A2:    MOV AL, [SI]
       MOV [DI], AL
       INC SI
       INC DI
       DEC CX
       JNE A2
A3:    JMP A3
CODE   ENDS
       END START
```

3.3.5 实验扩展

改变 SI、DI 的值，观察在三种不同的数据块情况下程序的运行情况。

3.4 循环程序设计实验

3.4.1 实验目的

（1）加深对循环结构的理解。

（2）掌握循环结构程序设计的方法以及调试方法。

3.4.2 实验内容及步骤

（1）计算 $S=1+2\times3+3\times4+4\times5+\cdots+N（N+1）$，直到 $N（N+1）$ 项大于 200 为止。编写实验程序，计算上式的结果，参考流程图如图 3-13 所示。

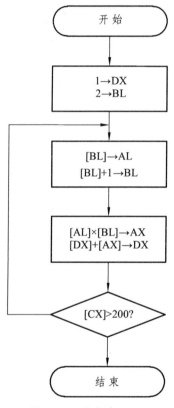

图 3-13　程序流程图

（2）求某数据区内负数的个数。

设数据区的第一单元存放区内单元数据的个数，从第二单元开始存放数据，在区内最后一个单元存放结果。为统计数据区内负数的个数，需要逐个判断区内的每一个数据，然后将所有数据中凡是符号位为 1 的数据的个数累加起来，即得到区内所包含负数的个数。

3.4.3 实验步骤

1. 实验步骤

（1）编写实验程序（例程文件名为 A3-4-1.ASM），编译、链接无误后装入系统。

（2）运行程序，待程序运行停止。

（3）运算结果存储在寄存器 DX 中，查看结果是否正确。

（4）可以改变 $N(N+1)$ 的条件来验证程序功能是否正确，但要注意，结果若大于 0FFFFH 将产生数据溢出。

2. 步骤

（1）按实验流程编写实验程序（例程文件名为 A3-4-2.ASM）。

（2）编译、链接无误后装入系统。

（3）键入 E1000，输入数据如下：

1000=06 （数据个数）

1001=34

1002=96

1003=A1

1004=89

1005=97

1006=67

（4）先运行程序，待程序运行停止。

（5）查看 1007 内存单元或寄存器 BL 中的内容，结果应为 04。

3.4.4 实验程序

1. A3-4-1.ASM

A3-4-1.ASM 下载

```
SSTACK SEGMENT STACK
       DW 64 DUP(?)
SSTACK ENDS
CODE   SEGMENT
       ASSUME CS:CODE
START: MOV DX,0001H
       MOV BL,02H
A1:    MOV AL,BL
       INC BL
       MUL BL
       ADD DX,AX        ;结果存于 DX 中
       CMP AX,00C8H     ;判断 N(N+1) 与 200 的大小
       JNA A1
A2:    JMP A2
CODE   ENDS
       END START
```

2. A3-4-2.ASM

```
SSTACK SEGMENT STACK
        DW 64 DUP(?)
SSTACK ENDS
CODE    SEGMENT
        ASSUME CS:CODE
START:  MOV DI, 1000H          ;数据区首地址
        MOV CL, [DI]           ;取数据个数
        XOR CH, CH
        MOV BL, CH
        INC DI                 ;指向第一个数据
A1:     MOV AL, [DI]
        TEST AL, 80H           ;检查数据首位是否为1
        JE A2
        INC BL                 ;负数个数加1
A2:     INC DI
        LOOP A1
        MOV [DI], BL           ;保存结果
A3:     JMP A3
CODE    ENDS
        END START
```

3.4.5 实验扩展

统计数据区 1000H 开始的 10 个单元中正数的个数。

3.5 子程序设计实验

3.5.1 实验目的

（1）学习子程序的定义和调用方法。
（2）掌握子程序、子程序的嵌套、递归子程序的结构。
（3）掌握子程序的程序设计及调试方法。

3.5.2 实验内容

1. 求无符号字节序列中的最大值和最小值

设有一字节序列，其存储首地址为 1000H，字节数为 10H。利用子程序的方法编程求出

该序列中的最大值和最小值。程序流程图如图 3-14 所示。

2. 求 $N!$

利用子程序的嵌套和子程序的递归调用，实现 $N!$ 的运算。根据阶乘运算法则，可以得：

$N! = N(N-1)! = N(N-1)(N-2)! = \cdots\cdots$

$0! = 1$

由此可知，欲求 N 的阶乘，可以用一递归子程序来实现，每次递归调用时应将调用参数减 1，即求 $(N-1)$ 的阶乘，并且当调用参数为 0 时应停止递归调用，且有 $0! = 1$，最后将每次调用的参数相乘得到最后结果。因每次递归调用时参数都送入堆栈，当 N 为 0 而程序开始返回时，应按嵌套的方式逐层取出相应的调用参数。

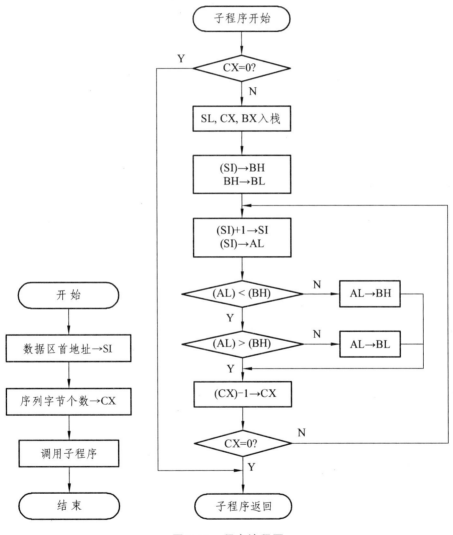

图 3-14　程序流程图

定义两个变量 N 及 RESULT，RESULT 中存放 $N!$ 的计算结果，N 在 00H ~ 08H 取值（见表 3-2）。

33

表 3-2　阶乘表

N	0	1	2	3	4	5	6	7	8
RESULT	1	1	2	6	18H	78H	02D0H	13B0H	9D80H

3.5.3　实验步骤

1. 实验步骤

（1）根据程序流程图编写实验程序（例程文件名为 A3-5-1.ASM）。

（2）经编译、链接无误后装入系统。

（3）键入 E1000 命令，输入 16 个字节的数据，如：01 D9 65 07 34 8B 71 C5 A3 EB F6 04 81 9D 08 F9。

（4）运行实验程序。

（5）点击停止按钮，停止程序运行，观察寄存器窗口中 AX 的值，AX 应为 F9 01，其中 AH 中为最大值，AL 中为最小值。

2. 实验步骤

（1）依据设计思想绘制程序流程图，编写实验程序（例程文件名为 A3-5-2.ASM）。

（2）经编译、链接无误后装入系统。

（3）将变量 N 及 RESULT 加入变量监视窗口，并修改 N 值，N 在 00～08H 取值。

（4）在 JMP START 语句行设置断点，然后运行程序。

（5）当程序遇到断点后停止运行，此时观察变量窗口中 RESULT 的值是否正确，验证程序的正确性。

3.5.4　实验程序

1. A3-5-1.ASM

A3-5-1.ASM 下载

```
SSTACK SEGMENT STACK
        DW 64 DUP(?)
SSTACK ENDS
CODE    SEGMENT
        ASSUME CS:CODE
START: MOV AX, 0000H
        MOV DS, AX
        MOV SI, 1000H     ; 数据区首址
        MOV CX, 0010H
        CALL BRANCH              ; 调用子程序
HERE:   JMP HERE
; 子程序, 出口参数在 AX 中
BRANCH PROC NEAR
        JCXZ A4
```

```
        PUSH SI
        PUSH CX
        PUSH BX
        MOV BH, [SI]
        MOV BL, BH
        CLD
A1:     LODSB
        CMP AL, BH
        JBE A2
        MOV BH, AL
        JMP A3
A2:     CMP AL, BL
        JAE A3
        MOV BL, AL
A3:     LOOP A1
        MOV AX, BX
        POP BX
        POP CX
        POP SI
A4:     RET
BRANCH ENDP
CODE   ENDS
        END START
```

2. A3-5-2.ASM

```
SSTACK SEGMENT STACK
        DW 64 DUP(?)
SSTACK ENDS
PUBLIC N, RESULT        ;设置全局变量
DATA   SEGMENT
N       DB ?            ;N 的范围为 1~8
RESULT DW ?             ;N!的结果存于该变量中
DATA   ENDS
CODE   SEGMENT
        ASSUME CS:CODE, DS:DATA
START: MOV AX, DATA
        MOV DS, AX
        MOV AX, OFFSET RESULT
```

```
                PUSH AX
                MOV AL, N
                MOV AH, 00H
                PUSH AX
                MOV DI, 0000H
                CALL branch
                JMP START              ;在此处设置断点，观察变量
;===子程序===
branch:     PUSH BP
                MOV BP,SP
                PUSH BX
                PUSH AX
                MOV BX,[BP+DI+06H]
                MOV AX,[BP+DI+04H]
                CMP AX,0000H
                JZ A1
                PUSH BX
                DEC AX
                PUSH AX
                CALL branch                    ;递归调用
                MOV BX,[BP+DI+06H]
                MOV AX,[BX]
                PUSH BX
                MOV BX,[BP+DI+04H]
                MUL BX
                POP BX
                JMP A2
A1:         MOV AX, 0001H
A2:         MOV RESULT, AX
                POP AX
                POP BX
                POP BP
                RET 0004H
CODE      ENDS
                END START
```

3.5.5　实验扩展

编写一个延时子程序，延时 1~2 s。

36

3.6 输入输出程序设计实验

3.6.1 实验目的

（1）了解 INT 21H 各功能调用模块的作用及用法。
（2）掌握 Wmd86 软件界面下数据输入和输出的方法。

3.6.2 实验内容

编写实验程序，在显示器上的输出窗口显示 A~G 共 7 个大写英文字母。

3.6.3 实验原理

INT 21H 功能调用使用说明如下：
（1）入口：AH=00H 或 AH=4CH；功能：程序终止。
（2）入口：AH=01H；功能：读键盘输入到 AL 中并回显。
（3）入口：AH=02H，DL=数据；功能：写 DL 中的数据到显示屏。
（4）入口：AH=08H；功能：读键盘输入到 AL 中无回显。
（5）入口：AH=09H，DS：DX=字符串首地址，字符串以 "$" 结束；功能：显示字符串，直到遇到'$'为止。
（6）入口：AH=0AH，DS：DX=缓冲区首地址，（DS：DX）=缓冲区最大字符数，（DS：DX+1）=实际输入字符数，（DS：DX+2）=输入字符串起始地址；功能：读键盘输入的字符串到 DS：DX 指定缓冲区中并以回车结束。

3.6.4 实验步骤

编写实验程序（例程文件名为 A3-6.ASM），经编译、链接无误后装入系统。运行实验程序，观察实验结果。

3.6.5 实验程序

汇编语言程序示例：A3-6.ASM。

A3-6.ASM 下载

```
SSTACK SEGMENT STACK
        DW 64 DUP(?)
SSTACK ENDS
CODE   SEGMENT
        ASSUME CS:CODE
START: MOV CX,0007H
        MOV BL,41H
        MOV AH,01H
A1:     MOV AL,BL
        INT 10H                 ;功能调用
```

```
              INC BL
              PUSH CX
              MOV CX,0FFFFH
    A2:       LOOP A2
              POP CX
              DEC CX
              JNZ A1
    A3:       JMP A3
    CODE      ENDS
              END START
```

3.6.6 实验扩展

使用 AH=09 功能，在显示器上显示"GOOD MORNING"。

3.7 查表程序设计实验*

3.7.1 实验目的

学习查表程序的设计方法。

3.7.2 实验内容

所谓查表，就是根据某个值，在数据表格中寻找与之对应的一个数据，在很多情况下，通过查表比通过计算的程序更简单，更容易编制。

通过查表的方法实现十进制数转换为 ASCII 码。0~9 的 ASCII 码为 30H~39H，这样就可以将 0~9 对应的 ASCII 码保存在一个数据表格中。当给定一个需要转换的十进制数时，就可以快速地在表格中找出相应的 ASCII 码值。

3.7.3 实验步骤

（1）编写实验程序（例程文件名为 A3-7.ASM）。

（2）经编译、链接无误后，将目标代码装入系统。

（3）将变量 HEX、ASCH、ASCL 添加到变量监视窗口中，并修改 HEX 的值，如 12。

（4）在语句 JMP AA1 处设置断点，然后运行程序。

（5）程序会在断点行停止运行，并更新变量窗口中变量的值，查看变量窗，ASCH 应为 31，ASCL 应为 32。

3.7.4 实验程序

汇编语言程序示例：A3-7.ASM。

A3-7.ASM 下载

```
SSTACK SEGMENT STACK
       DW 32 DUP(?)
```

```
SSTACK ENDS
PUBLIC ASCH, ASCL, HEX
DATA    SEGMENT
TAB     DB 30H,31H,32H,33H,34H,35H,36H,37H,38H,39H
HEX     DB ?
ASCH    DB ?
ASCL    DB ?
DATA    ENDS
CODE    SEGMENT
        ASSUME CS:CODE, DS:DATA
START:  PUSH DS
        XOR AX, AX
        MOV AX, DATA
        MOV DS, AX
AA1:    MOV AL, HEX            ;需转换的十进制数
        MOV AH, AL
        AND AL, 0F0H
        MOV CL, 04H
        SHR AL, CL
        MOV BX, OFFSET TAB    ;表首地址存放于 BX 中
        XLAT
        MOV ASCH, AL          ;存放十进制数高 4 位的 BCD 码
        MOV AL, AH
        AND AL, 0FH
        XLAT
        MOV ASCL, AL          ;存放十进制数低 4 位的 BCD 码
        NOP
        JMP AA1
CODE    ENDS
        END START
```

3.7.5 实验扩展

通过查表的方法实现十六进制数转换为 ASCII 码。0 ~ 9 的 ASCII 码为 30H ~ 39H，而 A ~ F 的 ASCII 码为 41H ~ 46H。当给定一个需要转换的十六进制数时，就可以快速在表格中找出相应的 ASCII 码值。

3.8 排序程序设计实验*

3.8.1 实验目的

（1）掌握分支、循环、子程序调用等基本的程序结构。

（2）学习综合程序的设计、编制及调试。

3.8.2　实验内容

1. 气泡排序法

在数据区中存放着一组数，数据的个数就是数据缓冲区的长度，要求采用气泡法对该数据区中的数据按递增关系排序。

设计思想：

（1）从最后一个数（或第一个数）开始，依次把相邻的两个数进行比较，即第 N 个数与第 $N-1$ 个数比较，第 $N-1$ 个数与第 $N-2$ 个数比较，等等；若第 $N-1$ 个数大于第 N 个数，则两者交换，否则不交换，直到 N 个数的相邻两个数都比较完为止。此时，N 个数中的最小数将被排在 N 个数的最前列。

（2）对剩下的 $N-1$ 个数重复（1）这一步，找到 $N-1$ 个数中的最小数。

（3）再重复（2），直到 N 个数全部排列好为止。

2. 学生成绩排序法

将分数为 1~100 的 20 个成绩存入首地址为 2000H 的单元中，2000H+I 表示学号为 I 的学生成绩。编写程序，将排出的名次表放在 2100H 开始的数据区，2100H+I 中存放的为学号为 I 的学生名次。

3.8.3　实验步骤

1. 气泡排序法步骤

（1）编写实验程序（文件名为 A3-8-1.ASM）。
（2）编译、链接无误后装入系统。
（3）键入 E1000 命令修改 1000H~100FH 单元中的数，任意存入 16 个无符号数。
（4）先运行程序，待程序运行停止。
（5）通过键入 D1000 命令查看程序运行的结果。

2. 学生成绩排序步骤

（1）绘制流程图，并编写实验程序（例程文件名为 A3-8-2.ASM）。
（2）编译、链接无误后装入系统。
（3）将 10 个成绩存入首地址为 2000H 的内存单元中。
（4）调试并运行程序。

3.8.4　实验程序

1. A3-8-1.ASM

A3-8-1.ASM 下载

```
SSTACK SEGMENT STACK
        DW 64 DUP(?)
SSTACK ENDS
```

```
CODE    SEGMENT
        ASSUME CS:CODE
START:  MOV CX, 0010H
        MOV SI, 1010H
        MOV BL, 0FFH
A1:     CMP BL, 0FFH
        JNZ A4
        MOV BL, 00H
        DEC CX
        JZ A4
        PUSH SI
        PUSH CX
A2:     DEC SI
        MOV AL, [SI]
        DEC SI
        CMP AL, [SI]
        JA A3
        XCHG AL, [SI]
        MOV [SI+01H], AL
        MOV BL, 0FFH
A3:     INC SI
        LOOP A2
        POP CX
        POP SI
        JMP A1
A4:     JMP A4
CODE    ENDS
        END START
```

2. A3-8-2.ASM

A3-8-2.ASM 下载

```
SSTACK SEGMENT STACK
       DW 64 DUP(?)
SSTACK     ENDS
CODE   SEGMENT
       ASSUME CS:CODE
START: MOV AX,0000H
       MOV DS,AX
       MOV ES,AX
```

```
        MOV SI,2000H        ;存放学生成绩
        MOV CX,0014H        ;共 20 个成绩
        MOV DI,2100H        ;名次表首地址
A1:     CALL BRANCH                 ;调用子程序
        MOV AL,14H
        SUB AL,CL
        INC AL
        MOV BX,DX
        MOV [BX+DI],AL
        LOOP A1
A4:     JMP A4
;===扫描成绩表，得到最高成绩者的学号===
BRANCH: PUSH CX
        MOV CX,0014H
        MOV AL,00H
        MOV BX,2000H
        MOV SI,BX
A2:     CMP AL,[SI]
        JAE A3
        MOV AL,[SI]
        MOV DX,SI
        SUB DX,BX
A3:     INC SI
        LOOP A2
        ADD BX,DX
        MOV AL,00H
        MOV [BX],AL
        POP CX
        RET
CODE    ENDS
        END START
```

3.8.5 实验扩展

数据区 1000H 开始的单元存放着 8 个数，要求找出其中最大的数，并存放在 AL 中。

第 4 章 80X86 微机接口技术实验

微机接口技术是把由处理器、存储器等组成的基本系统与外部设备连接起来，从而实现 CPU 与外部设备通信的一门技术。微机的应用随着外部设备的不断更新和接口技术的不断发展而深入到各行各业，任何微机应用开发工作都离不开接口的设计、选用及连接。微机应用系统需要设计的硬件是一些接口电路，所要编写的软件是控制这些接口电路按要求工作的驱动程序。

掌握微机接口技术是微机应用中必不可少的基本技能。本教材中的实物实验以西安唐都科教仪器公司的 TD-PITE 微机原理与接口技术实验组合箱为例，需要配套计算机一台，TD-PITE 实验装置一套。

本章实验项目共有 14 个。为满足不同专业的实验要求，其中实验名称不带 "*" 的为基本实验，带 "*" 号的为选做实验。建议各专业可根据本专业实验大纲需要和实验课时情况，合理选做相关实验。

4.1 存储器扩展实验

4.1.1 实验目的

（1）了解存储器扩展的方法和存储器的读/写。
（2）掌握 CPU 对 16 位存储器的访问方法。

4.1.2 实验内容

按照规则字写存储器，编写实验程序，将 0010H～0019H 共 10 个数写入 SRAM 的从 0000H 起始的一段空间中，然后通过系统命令查看该存储空间，检测写入数据是否正确。

4.1.3 实验原理

存储器是用来存储信息的部件，是计算机的重要组成部分，静态 RAM 是由 MOS 管组成的触发器电路，每个触发器可以存放 1 位信息，只要不掉电，所储存的信息就不会丢失。因此，静态 RAM 工作稳定，不要外加刷新电路，使用方便。但一般 SRAM 的每一个触发器是由 6 个晶体管组成，SRAM 芯片的集成度不会太高，目前较常用的有 6116（2K×8 位），6264（8K×8 位）和 62256（32K×8 位）。本实验平台上选用的是 62256，两片组成 32K×16 位的形式，共 64K 字节。62256 的外部引脚如图 4-1 所示。

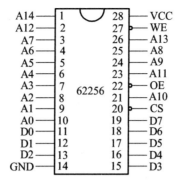

图 4-1　62256 的外部引脚

本系统采用准 32 位 CPU，具有 16 位外部数据总线，即 D0、D1、…、D15，地址总线为 BHE#（#表示该信号低电平有效）、BLE#、A1、A2、…、A20。存储器分为奇体和偶体，分别由字节允许线 BHE# 和 BLE# 选通。

存储器中，从偶地址开始存放的字称为规则字，从奇地址开始存放的字称为非规则字。处理器访问规则字只需要一个时钟周期，BHE# 和 BLE# 同时有效，从而同时选通存储器奇体和偶体。处理器访问非规则字却需要两个时钟周期，第一个时钟周期 BHE# 有效，访问奇字节；第二个时钟周期 BLE# 有效，访问偶字节。处理器访问字节只需要一个时钟周期，视其存放单元为奇或偶，而 BHE# 或 BLE# 有效，从而选通奇体或偶体。写规则字和非规则字的简单时序如图 4-2 所示。

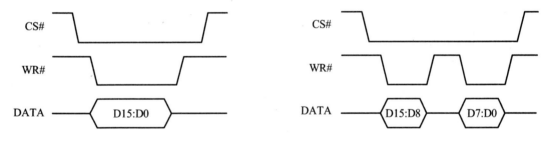

图 4-2　写规则字（左）和非规则字（右）简单时序

4.1.4　实验步骤

（注：本实验选择 16 位寄存器）

（1）实验接线如图 4-3 所示，按图接线。

（2）编写实验程序（例程文件名为 A4-1.ASM），经编译、链接无误后装入系统。

（3）先运行程序，待程序运行停止。

（4）通过 D 命令查看写入存储器中的数据：

D8000：0000 回车，即可看到存储器中的数据，应为 0010、0011、0012、…、0019 共 10 个字。

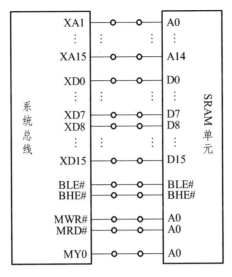

图 4-3　SRAM 实验接线图

4.1.5　实验程序

汇编语言程序示例：A4-1.ASM。

A4-1.ASM 下载

```
SSTACK      SEGMENT STACK
            DW 32 DUP(?)
SSTACK      ENDS
CODE        SEGMENT
START       PROC FAR
            ASSUME CS:CODE
            MOV AX, 8000H
            MOV DS, AX
AA0:        MOV SI, 0000H
            MOV CX, 000AH
            MOV AX, 0010H
AA1:        MOV [SI], AX
            INC AX
            INC SI
            INC SI
            LOOP AA1
            NOP
HERE:       JMP HERE
START       ENDP
CODE        ENDS
NOP
HERE:       JMP HERE
```

```
START       ENDP
CODE        ENDS
            END START
```

4.1.6　实验扩展

（1）按照字节方式写存储器，编写实验程序，将 00H ~ 0FH 共 16 个数写入 SRAM 的从 0000H 起始的一段空间中，然后通过系统命令查看该存储空间，检测写入数据是否正确。

（2）按照非规则字写存储器，编写实验程序，将 6 个数写入 SRAM 的从 0000H 起始的一段空间中，然后通过系统命令查看该存储空间，检测写入数据是否正确。

4.2　8259 中断控制实验

4.2.1　实验目的

（1）掌握 8259 中断控制器的工作原理。

（2）学习 8259 的应用编程方法。

（3）掌握 8259 级联方式的使用方法。

4.2.2　实验内容

（1）利用系统总线上中断请求信号 MIR7，设计一个单一中断请求实验。

（2）利用系统总线上中断请求信号 MIR6 和 MIR7，设计一个双中断优先级应用实验，观察 8259 对中断优先级的控制。

（3）利用系统总线上中断请求信号 MIR7 和 SIR1，设计一个级联中断应用实验。

4.2.3　实验原理

在 Intel 386EX 芯片中集成有中断控制单元（ICU），该单元包含有两个级联中断控制器，一个为主控制器，一个为从控制器。该中断控制单元就功能而言与工业上标准的 82C59A 是一致的，操作方法也相同。从片的 INT 连接到主片的 IR2 信号上构成两片 8259 的级联。

在 TD-PITE 实验系统中，将主控制器的 IR6、IR7 以及从控制器的 IR1 开放出来供实验使用，主片 8259 的 IR4 供系统串口使用。8259 的内部连接及外部管脚引出如图 4-4 所示。

中断控制单元的初始化命令字和操作命令字的格式及功能见相关教材。

在对 8259 进行编程时，首先必须进行初始化。一般先使用 CLI 指令将所有的可屏蔽中断禁止，然后写入初始化命令字。8259 有一个状态机控制对寄存器的访问，不正确的初始化顺序会造成异常初始化。在初始化主片 8259 时，写入初始化命令字的顺序是：ICW1、ICW2、ICW3、ICW4，初始化从片 8259 的顺序与初始化主片 8259 的顺序是相同的。

系统启动时，主片 8259 已被初始化，且 4 号中断源（IR4）提供给与 PC 联机的串口通信使用，其他中断源被屏蔽。中断矢量地址与中断号之间的关系如表 4-1 所示。

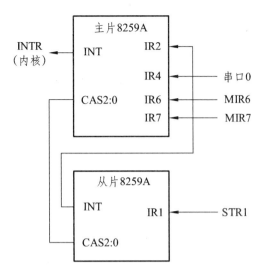

图 4-4　8259 内部连续及外部管脚引出

表 4-1　中断矢量地址与中断号之间的关系

主片中断序号	0	1	2	3	4	5	6	7
功能调用	08H	09H	0AH	0BH	0CH	0DH	0EH	0FH
矢量地址	20～23H	24～27H	28～2BH	2C～2FH	30～33H	34～37H	38～3BH	3C～3FH
说明	未开放	未开放	未开放	未开放	串口	未开放	可用	可用
从片中断序号	0	1	2	3	4	5	6	7
功能调用	30H	31H	32H	33H	34H	35H	36H	37H
矢量地址	C0～C3H	C4～C7H	C8～CBH	CC～CFH	D0～D3H	D4～D7H	D8～DBH	DC～DFH
说明	未开放	可用	未开放	未开放	未开放	未开放	未开放	未开放

4.2.4　实验步骤

1. 8259 单中断实验

实验接线如图 4-5 所示，单次脉冲输出与主片 8259 的 IR7 相连，每按动一次单次脉冲，产生一次外部中断，在显示屏上输出一个字符"0"。

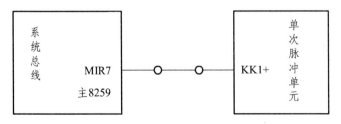

图 4-5　8259 单中断实验接线图

实验步骤：

（1）按图4-5连接实验线路。

（2）编写实验程序（例程文件名为A4-2-1.ASM），经编译、链接无误后装入系统。

（3）单击 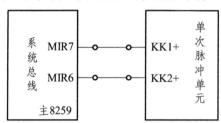按钮，运行实验程序，重复按单次脉冲开关KK1+，在界面的输出区会显示字符"0"，说明响应了中断。

2. 8259双中断优先级实验

实验接线如图4-6所示，KK1+和KK2+分别连接到主片8259的IR7和IR6上，当按一次KK1+时，显示屏上显示字符"0"，按一次KK2+时，显示字符"1"。编写程序。

图4-6　8259单中断实验接线图

实验步骤：

（1）按图4-6连接实验线路。

（2）编写实验程序（例程文件名为A4-2-2.ASM），经编译、链接无误后装入系统。

（3）单击 按钮，运行实验程序，重复按单次脉冲开关KK1+和KK2+，在界面的输出区会显示字符"0"和"1"，说明响应了中断。

（4）尝试先按KK1+，再快速按KK2+，观察MIR7和MIR6两个中断请求的优先级，分析实验结果。

3. 8259级连中断实验

实验接线如图4-7所示，KK1+连接到主片8259的IR7上，KK2+连接到从片8259的IR1上，当按一次KK1+时，显示屏上显示字符"M0"，按一次KK2+时，显示字符"S1"。

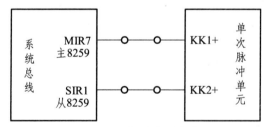

图4-7　8259级连实验接线图

实验步骤：

（1）按图4-7连接实验线路。

（2）输入程序（例程文件名为A4-2-3.ASM），编译、链接无误后装入系统。

（3）单击 按钮，运行实验程序，重复按单次脉冲开关KK1+和KK2+，在界面的输出区会显示字符"M0"和"S1"，说明响应了中断，验证实验程序的正确性。

（4）尝试先按KK1+，再快速按KK2+，观察MIR7和SIR1两个级连中断请求的优先级，分析实验结果。

4.2.5 实验程序

1. A4-2-1.ASM

A4-2-1.ASM 下载

```
SSTACK SEGMENT STACK
       DW 32 DUP(?)
SSTACK ENDS
CODE   SEGMENT
       ASSUME CS:CODE
START: PUSH DS
       MOV AX, 0000H
       MOV DS, AX
       MOV AX, OFFSET MIR7    ;取中断入口地址
       MOV SI, 003CH          ;中断矢量地址
       MOV [SI], AX           ;填 IRQ7 的偏移矢量
       MOV AX, CS             ;段地址
       MOV SI, 003EH
       MOV [SI], AX           ;填 IRQ7 的段地址矢量
       CLI
       POP DS
       ;初始化主片 8259
       MOV AL, 11H
       OUT 20H, AL            ;ICW1
       MOV AL, 08H
       OUT 21H, AL            ;ICW2
       MOV AL, 04H
       OUT 21H, AL            ;ICW3
       MOV AL, 01H
       OUT 21H, AL            ;ICW4
       MOV AL, 6FH            ;OCW1
       OUT 21H, AL
       STI
AA1:   NOP
       JMP AA1
MIR7:  STI
       CALL DELAY
       MOV AX, 0130H
       INT 10H               ;显示字符 0
       MOV AX, 0120H
       INT 10H
       MOV AL, 20H
```

```
                OUT 20H, AL                    ;中断结束命令
                IRET
        DELAY:  PUSH CX
                MOV CX, 0F00H
        AA0:    PUSH AX
                POP  AX
                LOOP AA0
                POP  CX
                RET
        CODE    ENDS
                END  START
```

2. A4-2-2.ASM

A4-2-2.ASM 下载

```
SSTACK SEGMENT STACK
                DW 32 DUP(?)
SSTACK ENDS
CODE    SEGMENT
                ASSUME CS:CODE
START:  PUSH DS
        MOV AX, 0000H
        MOV DS, AX
        MOV AX, OFFSET MIR7        ;取中断入口地址
        MOV SI, 003CH              ;中断矢量地址
        MOV [SI], AX               ;填 IRQ7 的偏移矢量
        MOV AX, CS                 ;段地址
        MOV SI, 003EH
        MOV [SI], AX               ;填 IRQ7 的段地址矢量
        MOV AX, OFFSET    MIR6
        MOV SI, 0038H
        MOV [SI], AX
        MOV AX, CS
        MOV SI, 003AH
        MOV [SI], AX
        CLI
        POP DS
        ;初始化主片 8259
        MOV AL, 11H
        OUT 20H, AL                ;ICW1
        MOV AL, 08H
```

```
              OUT 21H, AL              ;ICW2
              MOV AL, 04H
              OUT 21H, AL              ;ICW3
              MOV AL, 01H
              OUT 21H, AL              ;ICW4
              MOV AL, 2FH              ;OCW1
              OUT 21H, AL
              STI
AA1:    NOP
              JMP AA1
MIR7:   STI
              CALL DELAY
              MOV AX, 0130H
              INT 10H                 ;显示字符 0
              MOV AX, 0120H
              INT 10H
              MOV AL, 20H
              OUT 20H, AL             ;中断结束命令
        IRET
MIR6:   CALL DELAY
              MOV AX, 0131H
              INT 10H                 ;显示字符 1
        MOV AX, 0120H
              INT 10H
        MOV AL, 20H
              OUT 20H, AL             ;中断结束命令
        IRET
DELAY: PUSH CX
              MOV CX, 0F00H
AA0:    PUSH AX
              POP AX
              LOOP AA0
              POP CX
              RET
CODE    ENDS
              END  START
```

3. A4-2-3.ASM

```
SSTACK SEGMENT STACK
```

```
              DW 32 DUP(?)
SSTACK ENDS
CODE    SEGMENT
          ASSUME CS:CODE
START: PUSH DS
        MOV AX, 0000H
        MOV DS, AX
        MOV AX, OFFSET MIR7    ;取中断入口地址
        MOV SI, 003CH          ;中断矢量地址
        MOV [SI], AX           ;填 IRQ7 的偏移矢量
        MOV AX, CS             ;段地址
        MOV SI, 003EH
        MOV [SI], AX           ;填 IRQ7 的段地址矢量
        MOV AX, OFFSET SIR1
        MOV SI, 00C4H
        MOV [SI], AX
        MOV AX, CS
        MOV SI, 00C6H
        MOV [SI], AX
        CLI
        POP DS
        ;初始化主片 8259
        MOV AL, 11H
        OUT 20H, AL                 ;ICW1
        MOV AL, 08H
        OUT 21H, AL                 ;ICW2
        MOV AL, 04H
        OUT 21H, AL                 ;ICW3
        MOV AL, 01H
        OUT 21H, AL                 ;ICW4
        ;初始化从片 8259
MOV AL, 11H
OUT 0A0H, AL            ;ICW1
MOV AL, 30H
OUT 0A1H, AL           ;ICW2
MOV AL, 02H
OUT 0A1H, AL           ;ICW3
MOV AL, 01H
OUT 0A1H, AL           ;ICW4
MOV AL, 0FDH
OUT 0A1H,AL                 ;OCW1 = 1111 1101
```

```
            MOV AL, 6BH
            OUT 21H, AL          ;主 8259 OCW1
            STI
    AA1:    NOP
            JMP AA1
    MIR7:   CALL DELAY
            MOV AX, 014DH
            INT 10H                      ;M
            MOV AX, 0130H
            INT 10H                      ;显示字符 0
            MOV AX, 0120H
    INT 10H
            MOV AL, 20H
            OUT 20H, AL                  ;中断结束命令
            IRET
    SIR1:   CALL DELAY
            MOV AX, 0153H
            INT 10H                      ;S
            MOV AX, 0131H
            INT 10H                      ;显示字符 1
            MOV AX, 0120H
            INT 10H
    MOV AL, 20H
            OUT 0A0H, AL
            OUT 20H, AL
            IRET
    DELAY:  PUSH CX
            MOV CX, 0F00H
    AA0:    PUSH AX
            POP  AX
            LOOP AA0
            POP CX
            RET
    CODE    ENDS
            END  START
```

4.2.6 实验扩展

主片 8259 的 IR7 和 IR6 上同时接 KK1+。当按一次 KK1+时，显示屏上先显示字符"0"，再显示字符"1"。试编写程序。

4.3 8255 并行接口实验

4.3.1 实验目的

（1）学习并掌握 8255 的工作方式及其应用。
（2）掌握 8255 典型应用电路的接法。
（3）掌握程序固化及脱机运行程序的方法。

4.3.2 实验内容

（1）基本输入输出实验。编写程序，使 8255 的 A 口为输出，B 口为输入，完成拨动开关到数据灯的数据传输。要求只要开关拨动，数据灯的显示就发生相应改变。

（2）流水灯显示实验。编写程序，使 8255 的 A 口和 B 口均为输出。数据灯 D7 ~ D0 由左向右，每次仅亮一个灯，循环显示。D15 ~ D8 与 D7 ~ D0 正相反，由右向左，每次仅点亮一个灯，循环显示。

4.3.3 实验原理

并行接口是以字节为单位与 I/O 设备或被控制对象之间传递信息。CPU 和接口之间的数据传送总是并行的，即可以同时传递 8 位、16 位或 32 位等。8255 可编程外围接口芯片是 Intel 公司生产的通用并行 I/O 接口芯片，它具有 A、B、C 三个并行接口，用 +5 V 单电源供电，能在以下三种方式下工作：方式 0——基本输入/输出方式、方式 1——选通输入/输出方式、方式 2——双向选通工作方式。8255 的内部结构及引脚如图 4-8 所示，8255 工作方式控制字和 C 口按位置位/复位控制字格式如图 4-9 所示。

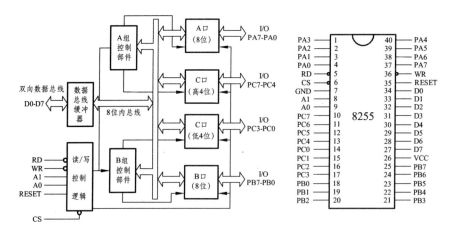

图 4-8   8255 内部结构及外部引脚

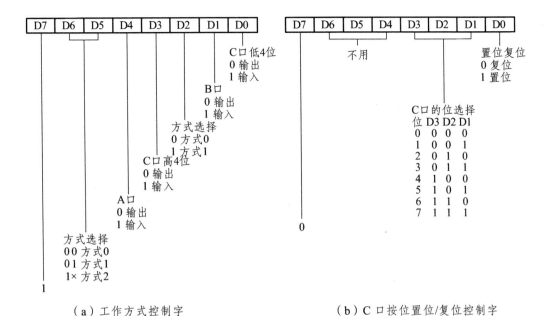

（a）工作方式控制字　　　　　　　　（b）C 口按位置位/复位控制字

图 4-9　8255 控制字格式

4.3.4　实验步骤

1. 基本输入输出实验

本实验使 8255 端口 A 工作在方式 0 并作为输出口，端口 B 工作在方式 0 并作为输入口。

用一组开关信号接入端口 B，端口 A 输出线接至一组数据灯上，然后通过对 8255 芯片编程来实现输入、输出功能。具体实验步骤如下：

（1）实验接线如图 4-10 所示，按图连接实验线路图。

（2）编写实验程序（例程文件名为 A4-3-1.ASM），经编译、连接无误后装入系统。

（3）运行程序，改变拨动开关，同时观察 LED 显示，验证程序功能。

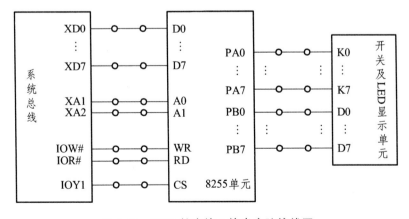

图 4-10　8255 基本输入输出实验接线图

2. 流水灯显示实验

使 8255 的 A 口和 B 口均为输出，数据灯 D7 ~ D0 由左向右，每次仅亮一个灯，循环显示，

D15~D8 与 D7~D0 正好相反，由右向左，每次仅点亮一个灯，循环显示。实验接线如图 4-11 所示。实验步骤如下所述：

（1）按图 4-11 连接实验线路图。

（2）编写实验程序（例程文件名为 A4-3-2.ASM），经编译、链接无误后装入系统。

（3）运行程序，观察 LED 灯的显示，验证程序功能。

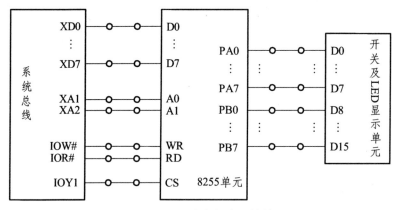

图 4-11　8255 流水灯实验接线图

4.3.5　实验程序

1. A4-3-1.ASM

```
SSTACK  SEGMENT STACK
        DW 32 DUP(?)
SSTACK  ENDS
CODE    SEGMENT
        ASSUME CS:CODE, SS:SSTACK
START:  MOV DX, 0646H
        MOV AL, 90H
        OUT DX, AL
AA1:    MOV DX, 0640H
        IN  AL, DX
        CALL DELAY
        MOV DX, 0642H
        OUT DX, AL
        JMP AA1
DELAY:  PUSH CX
        MOV CX, 0F00H
AA2:    PUSH AX
        POP  AX
        LOOP AA2
        POP  CX
        RET
```

```
CODE    ENDS
        END  START
```

2. A4-3-2.ASM

A4-3-2.ASM 下载

```
SSTACK SEGMENT STACK
        DW 32 DUP(?)
SSTACK ENDS
CODE    SEGMENT
        ASSUME CS:CODE
START:  MOV DX, 0646H
        MOV AL, 80H
        OUT DX, AL
        MOV BX, 8001H
AA1:    MOV DX, 0640H
        MOV AL, BH
        OUT DX, AL
        ROR BH, 1
        MOV DX, 0642H
        MOV AL, BL
        OUT DX, AL
        ROL BL, 1
        CALL DELAY
        CALL DELAY
        JMP AA1
DELAY:  PUSH CX
        MOV CX, 0F000H
AA2:    PUSH AX
        POP AX
        LOOP AA2
        POP  CX
        RET
CODE    ENDS
        END  START
```

4.3.6 实验扩展

使 8255 的 A 口和 B 口均为输出。数据灯 D7～D0 先全亮再全灭，循环显示。D15～D8 与 D7～D0 正好相反，先全灭再全亮，循环显示。

4.4 DMA 特性及 8237 应用实验

4.4.1 实验目的

（1）掌握 8237DMA 控制器的工作原理。
（2）了解 DMA 特性及 8237 的几种数据传输方式。
（3）掌握 8237 的应用编程。

4.4.2 实验内容

将存储器 2000H 单元开始的连续 8 个字节的数据复制到地址 0000H 开始的 8 个单元中，实现 8237 的存储器到存储器传输。

4.4.3 实验原理

直接存储器访问（Direct Memory Access，DMA），是指外部设备不经过 CPU 的干涉，直接实现对存储器的访问。DMA 传送方式可用来实现存储器到存储器、I/O 接口到存储器、存储器到 I/O 接口之间的高速数据传送。

1. 8237 芯片介绍

8237 是一种高性能可编程 DMA 控制器，芯片有 4 个独立的 DMA 通道，可用来实现存储器到存储器、存储器到 I/O 接口、I/O 接口到存储器之间的高速数据传送。8237 的各通道均具有相应的地址、字数、方式、命令、请求、屏蔽、状态和暂存寄存器，通过对它们的编程，可实现 8237 初始化，以确定 DMA 控制的工作类型、传输类型、优先级控制、传输定时控制及工作状态等。8237 的外部引脚如图 4-12 所示。

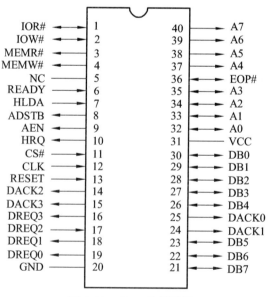

图 4-12　8237 外部引脚

8237 的内部寄存器及其读写操作如表 4-2 所示。

表 4-2　8237 内部寄存器和软命令及其读写操作一览表

寄存器名	位长	操作	片选逻辑（CS#=0）						对应端口号	先/后触发器	操作字节
			IOR#	IOR#	A3	A2	A1	A0			
基地址寄存器（4 个）	16	写	1	0	0	A2	A1	0			
当前地址寄存器（4 个）	16	写			通道选择				0H	0	低 8 位
									2H	1	高 8 位
		读	0	1	通道选择				4H	0	低 8 位
									8H	1	高 8 位
基字节数寄存器（4 个）	16	写	1	0	0	A2	A1	1			
当前地址寄存器（4 个）	16	写			通道选择				1H	0	低 8 位
									3H	1	高 8 位
		读	0	1	通道选择				5H	0	低 8 位
									7H	1	高 8 位
命令寄存器	8	写	1	0	1	0	0	0	8H		
状态寄存器	8	读	0	1	1	0	0	0	8H		
请求寄存器	4	写	1	0	1	0	0	1	9H		
写单个屏蔽位寄存器	4	写	1	0	1	0	1	0	AH		
方式寄存器（4 个）	6	写	1	0	1	0	1	1	BH		
暂存寄存器	8	读	0	1	1	1	1	1	DH	—	—
软命令 主清除	—	写	1	0	1	1	1	1	DH		
软命令 清先/后触发器	—	写	1	0	1	1	0	0	CH		
软命令 清屏蔽寄存器	—	写	1	0	1	1	1	0	EH		
写 4 通道屏蔽位寄存器	4	写	1	0	1	1	1	1	FH		
地址暂存寄存器	16	与 CPU 不直接发生关系									
字节数暂存寄存器	16										

2. DMA 实验单元电路图

存储器译码单元实验系统中提供的 8237 单元电路如图 4-13 所示。

实验系统的系统总线单元提供了 MY0 和 MY1 两个存储器译码信号，译码空间分别为 80000H ~ 9FFFFH 和 A0000H ~ BFFFFH。在做 DMA 实验时，CPU 会让出总线控制权，而 8237 的寻址空间仅为 0000H ~ FFFFH，8237 无法寻址到 MY0 的译码空间，故系统中将高位地址线 A19 ~ A17 连接到固定电平上，在 CPU 让出总线控制权时，MY0 会变为低电平，即 DMA 访问期间，MY0 有效。具体电路如图 4-14 所示。

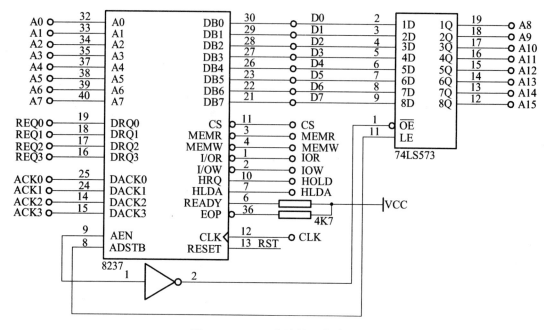

图 4-13 DMA 实验单元电路图

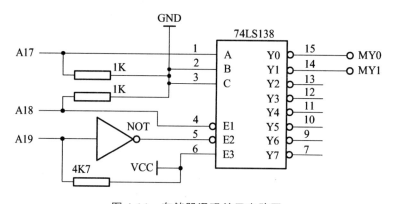

图 4-14 存储器译码单元电路图

4.4.4 实验步骤

将存储器 2000H 单元开始的连续 8 个字节的数据复制到地址 0000H 开始的 8 个单元中，实现 8237 的存储器到存储器传输。

（1）根据实验要求，参考流程图 4-15 编写实验程序（例程文件名为 A4-4.ASM）；实验接线如图 4-16 所示，按图连接实验线路。

（2）编译、链接程序无误后，将目标代码装入系统。

（3）初始化首地址中的数据，通过 E8000：4000 命令来改变。（注：思考为何通道中送入的首地址值为 2000H，而 CPU 初始化时的首地址为 4000H。）

E8000：4000=01

E8000：4002=02

E8000：4004=03

E8000：4006=04

E8000：4008=05

E8000：400A=06

E8000：400C=07

E8000：400E=08

（4）运行程序，待程序运行停止。

（5）通过 D8000：0000 命令查看 DMA 传输结果，是否与首地址中写入的数据相同，可反复验证。

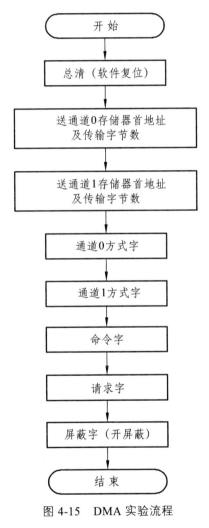

图 4-15　DMA 实验流程

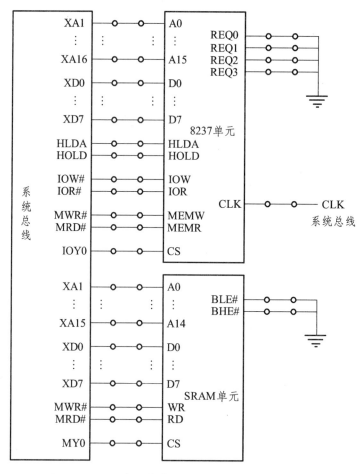

图 4-16　8237 实现存储器到存储器传输试验接线图

4.4.5　实验程序

汇编语言程序示例：A4-4.ASM。

```
STACK SEGMENT STACK
    DW 64 DUP(?)
STACK ENDS
CODE  SEGMENT
      ASSUME CS:CODE
START: MOV AL, 00
       MOV DX, 061AH
       OUT DX, AL              ;发总清命令
AA1:   MOV AL, 00H
       MOV DX, 0600H           ;通道0(Source)
       OUT DX,AL
       MOV AL,20H
```

```
            OUT DX,AL
            MOV AL,00H
            MOV DX, 0604H              ;通道1(Dest)
            OUT DX,AL
            MOV AL,00H
            OUT DX,AL
            MOV AL,08H
            MOV DX, 0602H              ;传输字节个数
            OUT DX,AL
            MOV AL,00H
            OUT DX,AL
            MOV AL,08H
            MOV DX, 0606H              ;传输字节个数
            OUT DX,AL
            MOV AL,00H
            OUT DX,AL
            MOV AL,88H
            MOV DX, 0616H              ;通道0方式字
            OUT DX,AL
            MOV AL,85H                 ;通道1方式字
            OUT DX,AL
            MOV AL,81H
            MOV DX, 0610H              ;命令字
            OUT DX,AL
            MOV AL,04H
            MOV DX, 0612H              ;请求字
            OUT DX,AL
            MOV AL,00H
            MOV DX, 061EH              ;屏蔽字
            OUT DX,AL
A1: JMP  AA1
    CODE    ENDS
        END START
```

4.4.6 实验扩展

将存储器 1000H 单元的数据复制到地址 0000H 开始的 5 个单元中，通道 1 地址由大到小变化，实现 8237 的存储器到存储器传输。

4.5 8254 定时/计数器应用实验

4.5.1 实验目的

（1）掌握 8254 的工作方式及应用编程。
（2）掌握 8254 典型应用电路的接法。

4.5.2 实验内容

（1）计数应用实验。编写程序，应用 8254 的计数功能，使用单次脉冲模拟计数，使每当按动"KK1+"8 次后，产生一次计数中断，并在屏幕上显示一个字符"A"。
（2）定时应用实验。编写程序，应用 8254 的定时功能，产生一个周期为 1 ms 的方波，并用本装置的示波器功能来观察。

4.5.3 实验原理

8254 是 Intel 公司生产的可编程间隔定时器。是 8253 的改进型，比 8253 具有更优良的性能。8254 具有以下基本功能：

（1）有 3 个独立的 16 位计数器。
（2）每个计数器可按二进制或十进制（BCD）计数。
（3）每个计数器可编程工作于 6 种不同工作方式。
（4）8254 每个计数器允许的最高计数频率为 10 MHz（8253 为 2 MHz）。
（5）8254 读回命令（8253 没有），除了可以读出当前计数单元的内容外，还可以读出状态寄存器的内容。
（6）计数脉冲可以是有规律的时钟信号，也可以是随机信号。计数初值公式为：

$n = f_{CLKi} / f_{OUTi}$、其中 f_{CLKi} 是输入时钟脉冲的频率，f_{OUTi} 是输出波形的频率。

图 4-17 是 8254 的内部接口和引脚图，它是由与 CPU 的接口、内部控制电路和三个计数器组成。8254 的工作方式如下：

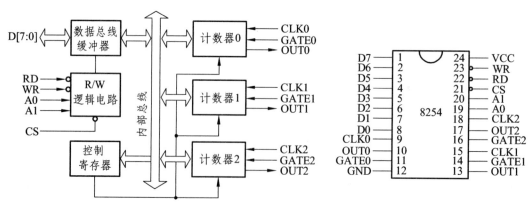

图 4-17　8254 的内部接口和引脚

（1）方式 0：计数到 0 结束输出正跃变信号方式。

（2）方式 1：硬件可重触发单稳方式。

（3）方式 2：频率发生器方式。

（4）方式 3：方波发生器。

（5）方式 4：软件触发选通方式。

（6）方式 5：硬件触发选通方式。

8254 的控制字有两个：一个用来设置计数器的工作方式，称为方式控制字；另一个用来设置读回命令，称为读回控制字。这两个控制字共用一个地址，由标识位来区分。控制字格式如表 4-3 ~ 表 4-5 所示。

表 4-3　8254 的方式控制字格式

D7	D6	D5	D4	D3	D2	D1	D0
计数器选择		读/写格式选择		工作方式选择			计数码制选择
00—计数器 0		00—锁存计数值		000—方式 0			0—二进制数
01—计数器 1		01—读/写低 8 位		001—方式 1			1—十进制数
10—计数器 2		10—读/写高 8 位		010—方式 2			
11—读出控制字标志		11—先读/写低 8 位再读/写高 8 位		011—方式 3			
				100—方式 4			
				101—方式 5			

表 4-4　8254 读出控制字格式

D7	D6	D5	D4	D3	D2	D1	D0
1	1	0—锁存计数值	0—锁存状态信息	计数器选择（同方式控制字）			0

表 4-5　8254 状态字格式

D7	D6	D5	D4	D3	D2	D1	D0
OUT 引脚现行状态 1—高电平 0—低电平	计数初值是否装入 1—无效计数 0—计数有效	计数器方式（同方式控制字）					

4.5.4　实验步骤

1. 计数应用实验

将 8254 的计数器 0 设置为方式 3，计数值为十进制数 4，用单次脉冲 KK1+作为 CLK0 时钟，OUT0 连接 MIR7，每当 KK1+按动 8 次后产生中断请求，在屏幕上显示字符 "A"。

实验步骤：

（1）实验接线如图 4-18 所示（由于 8254 单元中 GATE0 信号已经上拉+5 V，所以 GATE0 不用接线）。

（2）编写实验程序（例程文件名为 A4-5-1.ASM），经编译、链接无误后装入系统。

（3）单击 RUN 按钮，运行实验程序，每连续按动 8 次 KK1+，在界面的输出区会显示字符 "A"，观察实验现象。

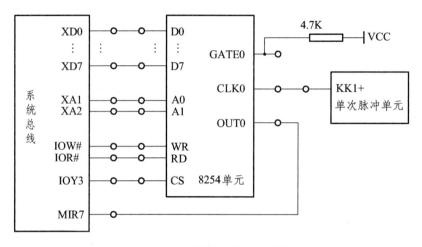

图 4-18　8254 计数应用实验接线图

2. 定时应用实验

将 8254 的计数器 0 和计数器 1 都设置为方式 3，用信号源 1 MHz 作为 CLK0 时钟，OUT0 为波形输出周期为 1 ms 的方波。用示波器测试 OUT0 输出，验证程序功能。

实验步骤：

（1）接线图如图 4-19 所示。

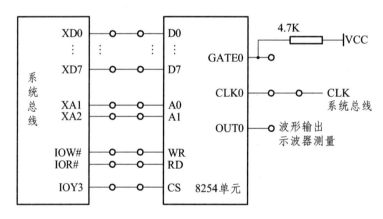

图 4-19　8254 定时应用实验接线图

（2）根据实验内容，编写实验程序（例程文件名为 A4-5-2.ASM），经编译、链接无误后装入系统。

（3）单击 ▇ 按钮，运行实验程序，8254 的 OUT1 会输出周期为 1 ms 的方波，可用示波器进行观察。

本实验现象结果如图 4-20 所示。

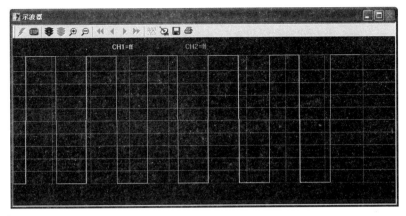

图 4-20 8254 定时应用实验结果图

4.5.5 实验程序

1. A4-5-1.ASM

A4-5-1.ASM 下载

```
A8254    EQU  06C0H
B8254    EQU  06C2H
C8254    EQU  06C4H
CON8254  EQU  06C6H
SSTACK SEGMENT STACK
       DW 32 DUP(?)
SSTACK ENDS
CODE    SEGMENT
       ASSUME CS:CODE, SS:SSTACK
START: PUSH DS
       MOV AX, 0000H
       MOV DS, AX
       MOV AX, OFFSET IRQ7      ;取中断入口地址
       MOV SI, 003CH            ;中断矢量地址
       MOV [SI], AX             ;填 IRQ7 的偏移矢量
       MOV AX, CS               ;段地址
       MOV SI, 003EH
       MOV [SI], AX             ;填 IRQ7 的段地址矢量
       CLI
       POP DS
       ;初始化主片 8259
       MOV AL, 11H
       OUT 20H, AL              ;ICW1
       MOV AL, 08H
       OUT 21H, AL              ;ICW2
       MOV AL, 04H
```

```
        OUT 21H, AL                    ;ICW3
        MOV AL, 01H
        OUT 21H, AL                    ;ICW4
        MOV AL, 6FH                    ;OCW1
        OUT 21H, AL
        ;8254
        MOV DX, CON8254
        MOV AL, 10H                    ;计数器 0，方式 0
        OUT DX, AL
        MOV DX, A8254
        MOV AL, 07H
        OUT DX, AL
        STI
AA1:    NOP
        JMP AA1
IRQ7:   MOV DX, A8254
        MOV AL, 07H
        OUT DX, AL
        MOV AX, 0141H
        INT 10H                        ;显示字符 A
        MOV AX, 0120H
        INT 10H
        MOV AL, 20H
        OUT 20H, AL                    ;中断结束命令
        IRET
CODE    ENDS
        END START
```

2. A4-5-2.ASM

```
A8254    EQU  06C0H
B8254    EQU  06C2H
C8254    EQU  06C4H
CON8254  EQU  06C6H
SSTACK SEGMENT STACK
         DW 32 DUP(?)
SSTACK ENDS
CODE    SEGMENT
        ASSUME CS:CODE, SS:SSTACK
```

```
START:MOV DX, CON8254              ;8254
      MOV AL, 36H                  ;计数器0, 方式3
      OUT DX, AL
      MOV DX, A8254
      MOV AL, 0E8H
      OUT DX, AL
      MOV AL, 03H
      OUT DX, AL
AA1:  NOP
      JMP AA1
CODE  ENDS
      END  START
```

4.5.6　实验扩展

编写程序，将 8254 的计数器 0 设置为方式 2，用信号源 1 MHz 作为 CLK0 时钟，OUT0 为波形输出 10 ms 负窄脉冲。

4.6　8251 串行接口应用实验*

4.6.1　实验目的

（1）掌握 8251 的工作方式及应用。
（2）了解有关串口通信的知识。

4.6.2　实验内容

（1）数据信号的串行传输实验，循环向串口发送一个数，使用示波器测量 TXD 引脚上的波形，以了解串行传输的数据格式。

（2）自收自发实验，将 1000H 起始的 16 个单元中的初始数据发送到串口，然后自接收并保存到 2000H 起始的内存单元中。

（3）双机通信实验，本实验需要两台实验装置，其中一台作为接收机，一台作为发送机，发送机将 1000H ~ 100FH 内存单元中共 10 个数发送到接收机，接收机将接收到的数据直接在屏幕上输出显示。

4.6.3　实验原理

1. 8251 的基本性能

8251 是可编程的串行通信接口，可以管理信号变化范围很大的串行数据通信。有下列基本性能：

（1）通过编程，可以工作在同步方式，也可以工作在异步方式。

（2）同步方式下，波特率为 0 ~ 64 K Baud，异步方式下，波特率为 0 ~ 19.2 K Baud。

（3）在同步方式时，可以用 5 ~ 8 位来代表字符，内部或外部同步，可自动插入同步字符。

（4）在异步方式时，也使用 5 ~ 8 位来代表字符，自动为每个数据增加 1 个启动位，并能够根据编程为每个数据增加 1 个、1.5 个或 2 个停止位。

（5）具有奇偶、溢出和帧错误检测能力。

（6）全双工，双缓冲器发送和接收器。

注意，8251 尽管通过了 RS-232 规定的基本控制信号，但并没有提供规定的全部信号。

2. 8251 的内部结构及外部引脚

8251 的内部结构图如图 4-21 所示，可以看出，8251 有 7 个主要部分，即数据总线缓冲器、读/写控制逻辑电路、调制/解调控制电路、发送缓冲器、发送控制电路、接收缓冲器和接收控制电路，图中还标识出了每个部分对外的引脚。

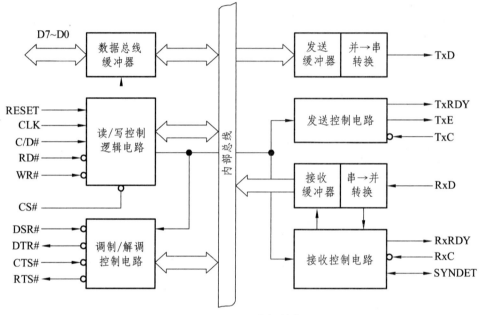

图 4-21　8251 内部结构

8251 的外部引脚如图 4-22 所示，共 28 个引脚，每个引脚信号的输入输出方式如图中的箭头方向所示。

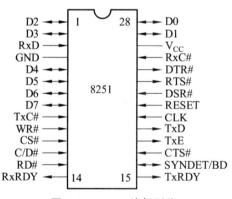

图 4-22　8251 外部引脚

3. 8251 在异步方式下的 TXD 信号上的数据传输格式

图 4-23 示意了 8251 工作在异步方式下的 TXD 信号上的数据传输格式。数据位与停止位的位数可以由编程指定。

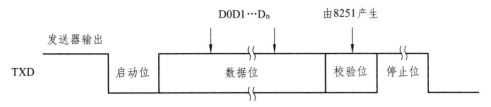

图 4-23 8251 工作在异步方式下 TXD 信号的数据传输格式

4. 8251 的编程

对 8251 的编程就是对 8251 的寄存器的操作，下面分别给出 8251 的几个寄存器的格式。

1）方式控制字

方式控制字用来指定通信方式及其方式下的数据格式，具体各位的定义如图 4-24 所示。

D7	D6	D5	D4	D3	D2	D1	D0
SCS/S2	ESD/S1	EP	PEN	L2	L1	B2	B1
同步/停止位		奇偶校验		字符长度		波特率系数	
同步（D1D0=00）	异步 （D1D0≠0）	X0=无校验		00=5 位		异步	同步
X0=内同步	00=不同	01=奇校验		01=6 位		00=不用	00=同步 方式标志
X1=外同步	01=1 位	11=偶校验		10=7 位		01=01	
0X=双同步	10=1.5 位			11=8 位		10=16	
1X=单同步	11=2 位					11=64	

图 4-24 8251 方式控制字

2）命令控制字

命令控制字用于指定 8251 进行某种操作（如发送、接收、内部复位和检测同步字符等）或处于某种工作状态，以便接收或发送数据。图 4-25 所示的是 8251 命令控制字各位的定义。

D7	D6	D5	D4	D3	D2	D1	D0
EH	IR	RTS	ER	SBRK	RxE	DTR	TxEN
进入搜索	内部复位	请求发送	错误标志复位	发中止字符	接受允许	数据终端 准备好	发送允许
1=允许搜索	1=使 8251 返回方式控制字	1=使 RTS 输出 0	使错误标志 PE、OE、FE 复位	1=使 TXD 为低 0=正常工作	1=允许 0=禁止	1=使 DTR 输出 0	1=允许 0=禁止

图 4-25 8251 命令控制字格式

3）状态字

CPU 通过状态字来了解 8251 当前的工作状态，以决定下一步的操作，8251 的状态字如图 4-26 所示。

D7	D6	D5	D4	D3	D2	D1	D0
DSR	SYNDET	FE	OE	PE	TxE	RxRDY	TxRDY
数据装置就绪:当 DSR 输入为 0 时, 该位为 1	同步检测	帧错误:该标志仅用于异步方式,当在任一字符的结尾没有检测到有效的停止位时,该位置 1。此标志由命令控制字中的位 4 复位	溢出错误:在下一个字符变为可用前,CPU 没有把字符读走,此标志置 1。此错误出现时上一字符已丢失	奇偶错误:当检测到奇偶错误时此位置 1	发送器空	接收就绪为 1 表明接收到一个字符	发送就绪为 1 表明发送缓冲器空

图 4-26 8251 状态字格式

4）系统初始化

8251 的初始化和操作流程如图 4-27 所示。

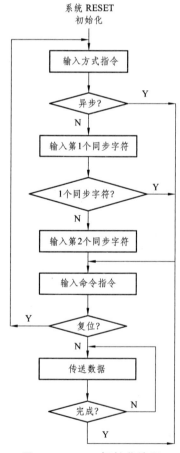

图 4-27 8251 初始化流程

4.6.4 实验步骤

1. 数据信号的串行传输

发送往串口的数据会以串行格式从 TXD 引脚输出，编写程序，观察串行输出的格式。实验步骤如下：

（1）按图 4-28 连接实验接线。

（2）编写实验程序（例程文件名为 A4-6-1.ASM），经编译、链接无误后装入系统。

（3）单击 ![按钮] 按钮，运行实验程序，TXD 引脚上输出串行格式的数据波形。

（4）用示波器观察波形的方法：单击虚拟仪器菜单中的 ![示波器] 示波器 按钮或直接单击工具栏的 ![图标] 按钮，在新弹出的示波器界面上单击 ![按钮] 按钮运行示波器，观测实验波形，分析串行数据传输格式。

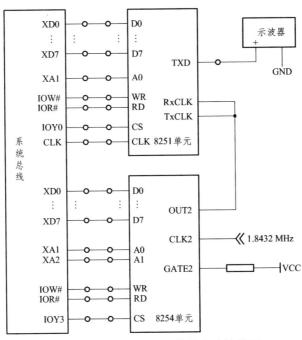

图 4-28　8251 数据串行传输实验接线图

2. 自收自发实验

通过自收自发实验，可以验证硬件及软件设计，常用于自测试。具体实验步骤如下：

（1）实验接线如图 4-29 所示，按图连接实验线路。

（2）编写实验程序（例程文件名为 A4-6-2.ASM），编译、链接无误后装入系统。

（3）使用 E 命令更改 1000H 起始的 16 个单元中的数据。

（4）运行实验程序，待程序运行停止。

（5）查看 2000H 起始的 16 个单元中的数据，与初始化的数据进行比较，验证程序功能。

3. 双机通信实验

使用两台实验装置，一台为发送机，一台为接收机，进行两机间的串行通信。实验步骤如下：

（1）按图 4-30 连接实验线路。

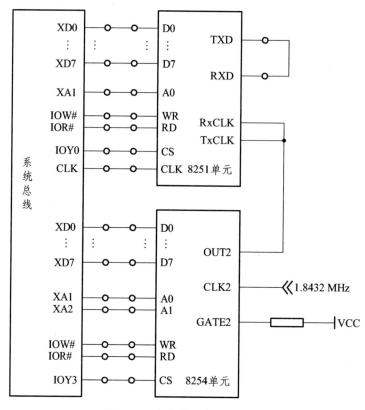

图 4-29　自收自发实验接线图

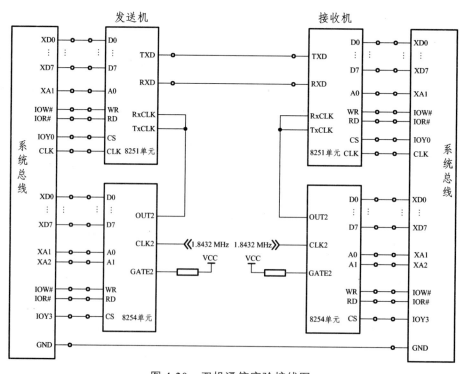

图 4-30　双机通信实验接线图

（2）为两台机器分别编写实验程序（接收机例程文件名为A4-6-3.ASM，发送机例程文件名为A4-6-4.ASM），编译、链接后装入系统。

（3）为发送机初始化发送数据。在发送机1000H~100FH内存单元写入ASCII值：30，31，32，33，34，35，36，37，38，39共10个数。

（4）首先运行接收机上的程序，等待接收数据，然后运行发送机上的程序，将数据发送到串口。

（5）观察接收机端屏幕上的显示是否与发送机端初始的数据相同，验证程序功能。屏幕将会显示字符：0123456789。

4.6.5 实验程序

1. A4-6-1.ASM

```
M8251_DATA EQU 0600H
M8251_CON  EQU 0602H
M8254_2        EQU 06C4H
M8254_CON  EQU 06C6H
SSTACK SEGMENT STACK
       DW 64 DUP(?)
SSTACK ENDS
CODE    SEGMENT
        ASSUME CS:CODE
START: CALL INIT
A1:    CALL SEND
       MOV CX, 0001H
A2:    MOV AX, 0F00H
A3:    DEC AX
       JNZ A3
       LOOP A2
       JMP A1
INIT:  MOV AL, 0B6H           ; 8254, 设置通信时钟
       MOV DX, M8254_CON
       OUT DX, AL
       MOV AL, 0CH
       MOV DX, M8254_2
       OUT DX, AL
       MOV AL, 00H
       OUT DX, AL
       CALL RESET             ; 对 8251 进行初始化
       CALL DALLY
       MOV AL, 7EH
```

```
              MOV DX, M8251_CON      ; 写 8251 方式字
              OUT DX, AL
              CALL DALLY
              MOV AL, 34H
              OUT DX, AL             ; 写 8251 控制字
              CALL DALLY
              RET
    RESET:    MOV AL, 00H            ; 初始化 8251 子程序
              MOV DX, M8251_CON      ; 控制寄存器
              OUT DX, AL
              CALL DALLY
              OUT DX, AL
              CALL DALLY
              OUT DX, AL
              CALL DALLY
              MOV AL, 40H
              OUT DX, AL
              RET
    DALLY:    PUSH CX
              MOV CX, 5000H
    A4:       PUSH AX
              POP AX
              LOOP A4
              POP CX
              RET
    SEND:     PUSH AX
              PUSH DX
              MOV AL, 31H
              MOV DX, M8251_CON
              OUT DX, AL
              MOV AL, 55H
              MOV DX, M8251_DATA     ; 发送数据 55H
              OUT DX, AL
              POP DX
              POP AX
              RET
    CODE      ENDS
              END START
```

2. A4-6-2.ASM

A4-6-2.ASM 下载

```
M8251_DATA EQU 0600H
M8251_CON  EQU 0602H
M8254_2        EQU 06C4H
M8254_CON  EQU 06C6H
SSTACK SEGMENT STACK
        DW 64 DUP(?)
SSTACK ENDS
CODE    SEGMENT
        ASSUME.CS:CODE
START:  MOV AX, 0000H
        MOV DS, AX
        MOV AL, 0B6H             ;初始化8254，得到收发时钟
        MOV DX, M8254_CON
        OUT DX, AL
        MOV AL, 0CH
        MOV DX, M8254_2
        OUT DX, AL
        MOV AL, 00H
        OUT DX, AL
        CALL INIT               ;复位8251
        CALL DALLY
        MOV AL,7EH
        MOV DX, M8251_CON
        OUT DX, AL              ;8251方式字
        CALL DALLY
        MOV AL, 34H
        OUT DX, AL              ;8251控制字
        CALL DALLY
        MOV DI, 2000H
        MOV SI, 1000H
        MOV CX, 0010H          ;16个数
A1:     MOV AL, [SI]
        PUSH AX
        MOV AL, 37H
        MOV DX, M8251_CON
        OUT DX, AL
```

```
            POP AX
            MOV DX, M8251_DATA
            OUT DX, AL              ;发送数据
            MOV DX, M8251_CON
    A2:     IN AL, DX               ;判断发送缓冲是否为空
            AND AL, 01H
            JZ A2
            CALL DALLY
    A3:     IN AL, DX               ;判断是否接收到数据
            AND AL, 02H
            JZ A3
            MOV DX, M8251_DATA
            IN AL, DX               ;读取接收到的数据
            MOV [DI], AL
            INC DI
            INC SI
            LOOP A1
    A4:     JMP A4
    INIT:   MOV AL, 00H             ;复位8251子程序
            MOV DX, M8251_CON
            OUT DX, AL
            CALL DALLY
            OUT DX, AL
            CALL DALLY
            OUT DX, AL
            CALL DALLY
            ;OUT 81H,AL
            ;CALL DALLY
            ;OUT 80H,AL
            ;CALL DALLY
            MOV AL, 40H
            OUT DX, AL
            RET
    DALLY:  PUSH CX
            MOV CX,3000H
    A5:     PUSH AX
            POP AX
            LOOP A5
            POP CX
            RET
    CODE    ENDS
            END START
```

3. A4-6-3.ASM

```
M8251_DATA EQU 0600H
M8251_CON EQU 0602H
M8254_2       EQU 06C4H
M8254_CON EQU 06C6H
SSTACK SEGMENT STACK
        DW 64 DUP(?)
SSTACK ENDS
CODE    SEGMENT
        ASSUME CS:CODE
START:  MOV AL, 0B6H              ;初始化 8254
        MOV DX, M8254_CON
        OUT DX, AL
        MOV AL, 0CH
        MOV DX, M8254_2
        OUT DX, AL
        MOV AL, 00H
        OUT DX, AL
        ;CLI
        CALL INIT                ;复位 8251
        CALL DALLY
        MOV AL, 7EH
        MOV DX, M8251_CON
        OUT DX, AL
        CALL DALLY
        MOV AL, 34H
        OUT DX, AL
        CALL DALLY
        MOV AX, 0152H            ;输出显示字符 'R'
        INT 10H
        MOV DI, 1000H
        MOV CX, 000AH
A1:     MOV DX, M8251_CON
        IN AL, DX
        AND AL, 02H
        JZ A1
        MOV DX, M8251_DATA
```

```
            IN AL, DX
            AND AL, 7FH
            MOV [DI],AL
            INC DI
            LOOP A1
            MOV AL, 00H
            MOV SI, 300AH
            MOV [SI], AL
            MOV AH, 06H
            MOV BX, 3000H
            INT 10H              ;输出显示接收到的数据
            ;STI
    A2:     JMP A2
    INIT:   MOV AL, 00H          ;复位 8251 子程序
            MOV DX, M8251_CON
            OUT DX, AL
            CALL DALLY
            OUT DX, AL
            CALL DALLY
            OUT DX, AL
            CALL DALLY
            MOV AL, 40H
            OUT DX, AL
            RET
    DALLY:  PUSH CX
            MOV CX, 3000H
    A3:     PUSH AX
            POP AX
            LOOP A3
            POP CX
            RET
    CODE    ENDS
            END START
```

4. A4-6-4.ASM

A4-6-4.ASM 下载

```
M8251_DATA EQU 0600H
M8251_CON EQU 0602H
M8254_2     EQU 06C4H
```

```
M8254_CON  EQU 06C6H
SSTACK SEGMENT STACK
        DW 64 DUP(?)
SSTACK ENDS
CODE    SEGMENT
        ASSUME CS:CODE
START: MOV AL, 0B6H          ;初始化 8254，得到收发时钟
       MOV DX, M8254_CON
       OUT DX, AL
       MOV AL, 0CH
       MOV DX, M8254_2
       OUT DX, AL
       MOV AL, 00H
       OUT DX, AL
       CALL INIT             ;复位 8251
       CALL DALLY
       MOV AL, 7EH
       MOV DX, M8251_CON
       OUT DX, AL            ;8251 方式字
       CALL DALLY
       MOV AL, 34H
       OUT DX, AL            ;8251 控制字
       CALL DALLY
       MOV DI, 1000H
       MOV CX, 000AH
A1:    MOV AL, [DI]
       CALL SEND
       CALL DALLY
       CALL DALLY
       INC DI
       LOOP A1
A2:    JMP A2
INIT:  MOV AL, 00H           ;复位 8251 子程序
       MOV DX, M8251_CON
       OUT DX, AL
       CALL DALLY
       OUT DX, AL
       CALL DALLY
       OUT DX, AL
       CALL DALLY
       MOV AL, 40H
```

```
                OUT  DX, AL
                RET
    DALLY:  PUSH CX
                MOV  CX, 3000H
    A4:     PUSH AX
                POP  AX
                LOOP A4
                POP  CX
                RET
    SEND:   PUSH DX                          ;数据发送子程序
                PUSH AX
                MOV  AL, 31H
                MOV  DX, M8251_CON
                OUT  DX, AL
                POP  AX
                MOV  DX, M8251_DATA
                OUT  DX, AL
                MOV  DX, M8251_CON
    A3:     IN   AL, DX
                AND  AL, 01H
                JZ   A3
                POP  DX
                RET
    CODE    ENDS
                END  START
```

4.6.6 实验扩展

向串口发送不同的数，使用示波器测量 TXD 引脚上的波形。

4.7 A/D 和 D/A 转换实验

4.7.1 实验目的

（1）学习理解模/数转换和数/模转换的基本原理。
（2）掌握模/数转换芯片 ADC0809 的使用方法。
（3）掌握 DAC0832 的使用方法。

4.7.2 实验内容

（1）编写实验程序，将 ADC 单元中提供的 0～5 V 信号源作为 ADC0809 的模拟输入量，进行 A/D 转换，转换结果通过变量进行显示。

（2）设计实验电路图实验线路并编写程序，实现 D/A 转换，要求产生方波，并用示波器观察电压波形。

4.7.3　实验原理

1. A/D 转换原理

ADC0809 包括一个 8 位的逐次逼近型的 ADC 部分，并提供一个 8 通道的模拟多路开关和联合寻址逻辑。用它可直接输入 8 个单端的模拟信号，分时进行 A/D 转换，在多点巡回检测、过程控制等应用领域中使用非常广泛。ADC0809 的主要技术指标为：

- 分辨率：8 位
- 单电源：+5 V
- 总的不可调误差：±1 LSB
- 转换时间：取决于时钟频率
- 模拟输入范围：单极性 0～5 V
- 时钟频率范围：10～1280 kHz

ADC0809 的外部管脚如图 4-31 所示，地址信号与选中通道的关系如表 4-6 所示。

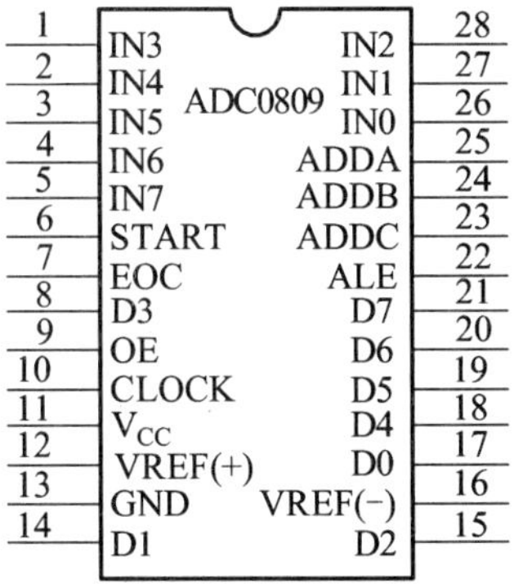

图 4-31　ADC0809 外部引脚图

表 4-6　地址信号与选中通道的关系

地址			选中通道
A	B	C	
0	0	0	IN0
0	0	1	IN1
0	1	0	IN2
0	1	1	IN3
1	0	0	IN4
1	0	1	IN5
1	1	0	IN6
1	1	1	IN7

2. D/A 转换原理

D/A 转换器是一种将数字量转换成模拟量的器件，其特点是：接收、保持和转换的数字信息，不存在随温度、时间漂移的问题，其电路抗干扰性较好。大多数的 D/A 转换器接口设计主要围绕 D/A 集成芯片的使用及配置响应的外围电路。

DAC0832 是 8 位芯片，采用 CMOS 工艺和 R-2RT 形电阻解码网络，转换结果为一对差动电流 I_{out1} 和 I_{out2} 输出，其主要性能参数如表 4-7 示，引脚如图 4-32 所示。

表 4-7　DAC0832 性能参数

性能参数	参数值
分辨率	8 位
单电源	+5 V ~ +15 V
参考电压	+10 V ~ -10 V
转换时间	1 μs
满刻度误差	±1 LSB
数据输入电平	与 TTL 电平兼容

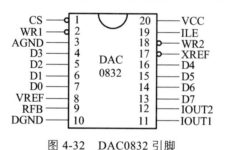

图 4-32　DAC0832 引脚

4.7.4　实验步骤

1. A/D 转换实验步骤

（1）按图 4-33 连接实验线路。

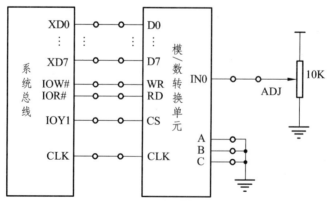

图 4-33　AD 转换实验接线图

（2）编写实验程序（例程文件名为 A4-7-1.ASM），经编译、链接无误后装入系统。

（3）将变量 VALUE 添加到变量监视窗口中。

（4）在 JMP START 语句行设置断点，使用万用表测量 ADJ 端的电压值，计算对应的采样值，然后运行程序。

（5）程序运行到断点处停止运行，查看变量窗口中 VALUE 的值，与计算的理论值进行比较，看是否一致（可能稍有误差，相差不大）。

（6）调节电位器，改变输入电压，比较 VALUE 与计算值，反复验证程序功能。

2. D/A 转换实验步骤

（1）实验接线图如图 4-34 所示，按图接线。

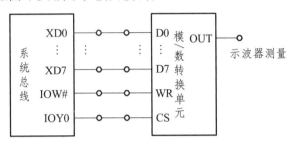

图 4-34 D/A 实验接线图

（2）编写实验程序（方波例程文件名为 A4-7-2.ASM），经编译、链接无误后装入系统。

（3）单击 🔳 按钮，运行实验程序，用示波器测量 DA 的输出，观察实验现象。

（4）用示波器观察波形的方法：单击虚拟仪器菜单中的 🔳示波器 按钮或直接单击工具栏的 🔳 按钮，在新弹出的示波器界面上单击 ⚡ 按钮运行示波器，观测实验波形。

（5）本实验现象结果如图 4-35 所示。

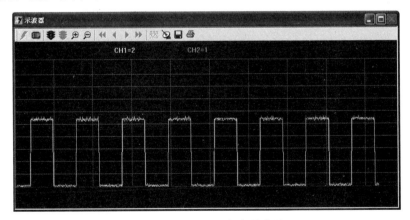

图 4-35 DA0832 产生的方波

4.7.5 实验程序

1. A4-7-1.ASM

A4-7-1.ASM 下载

```
SSTACK SEGMENT STACK
        DW 64 DUP(?)
SSTACK ENDS
```

```
        PUBLIC VALUE            ;设置全局变量以便变量监视
DATA    SEGMENT
VALUE   DB ?
DATA    ENDS
CODE    SEGMENT
        ASSUME CS:CODE,DS:DATA
START:  MOV AX, DATA
        MOV DS, AX
        MOV DX, 640H        ;启动AD采样
        OUT DX, AL
        CALL DALLY
        IN  AL, DX          ;读AD采样结果
        MOV VALUE, AL       ;将结果送变量
        JMP START           ;在此处设置断点
DALLY:  PUSH CX
        PUSH AX
        MOV CX, 100H
A5:     MOV AX, 0800H
A6:     DEC AX
        JNZ A6
        LOOP A5
        POP AX
        POP CX
        RET
CODE    ENDS
        END START
```

2. A4-7-2.ASM

```
SSTACK SEGMENT STACK
        DW 32 DUP(?)
SSTACK ENDS
CODE    SEGMENT
        ASSUME CS:CODE
```

```
START: MOV AX, 00H
       MOV DX, 600H
AA1:   MOV AL, 00H
       OUT DX, AL
       CALL DELAY
       MOV AL, 7FH
       OUT DX, AL
       CALL DELAY
       JMP AA1
DELAY: PUSH  CX
       MOV CX, 500H
AA2:   PUSH AX
       POP  AX
       LOOP AA2
       POP CX
       RET
CODE   ENDS
       END START
```

4.7.6　实验扩展

（1）编写实验程序，将采集到的 20～30 ℃ 的温度信号作为 ADC0809 的模拟输入量，进行 A/D 转换，转换结果通过变量进行显示。

（2）设计实验电路图实验线路并编写程序，实现 D/A 转换，要求产生锯齿波，并用示波器观察电压波形。

4.8　键盘扫描及显示设计实验*

4.8.1　实验目的

了解键盘扫描及数码显示的基本原理，熟悉 8255 的编程。

4.8.2　实验内容

将 8255 单元与键盘及数码管显示单元连接，编写实验程序，扫描键盘输入，并将扫描结果送数码管显示。键盘采用 4×4 键盘，每个数码管显示值可为 0～F 共 16 个数。实验具体内容如下：将键盘进行编号，记作 0～F，当按下其中一个按键时，将该按键对应的编号在一个数码管上显示出来，再按下一个按键时，便将这个按键的编号在下一个数码管上显示出来，数码管上可以显示最近 4 次按下的按键编号。

4.8.3 实验步骤

（1）按图 4-36 连接电路。

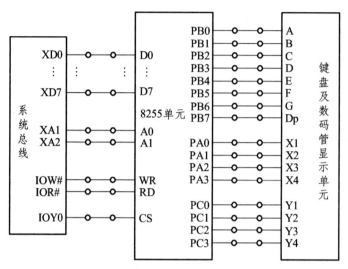

图 4-36　8255 键盘扫描及数码管显示实验接线图

（2）编写实验程序（例程文件名为 A4-8.ASM），检查无误后编译、连接并装入系统。

（3）运行程序，按下按键，观察数码管的显示，验证程序功能。

（4）固化程序，然后脱机运行程序。

4.8.4 实验程序

汇编语言程序示例：A4-8.ASM。

A4-8.ASM 下载

```
MY8255_A     EQU  0600H
MY8255_B     EQU  0602H
MY8255_C     EQU  0604H
MY8255_MODE EQU  0606H
DATA    SEGMENT
DTABLE  DB 3FH,06H,5BH,4FH,66H,6DH,7DH,07H
        DB 7FH,6FH,77H,7CH,39H,5EH,79H,71H
DATA    ENDS
CODE    SEGMENT
        ASSUME CS:CODE,DS:DATA
START:  MOV AX,DATA
        MOV DS,AX
        MOV SI,3000H
        MOV AL,00H
        MOV [SI],AL
        MOV [SI+1],AL
        MOV [SI+2],AL
```

```
            MOV [SI+3],AL
            MOV DI,3003H
            MOV DX,MY8255_MODE      ;写8255控制字
            MOV AL,81H
            OUT DX,AL
BEGIN:  CALL DIS                    ;调用显示子程序
        CALL CLEAR                  ;清屏
        CALL CCSCAN                 ;扫描
        JNZ INK1
        JMP BEGIN
INK1:   CALL DIS
        CALL DALLY
        CALL DALLY
        CALL CLEAR
        CALL CCSCAN
        JNZ INK2                    ;有键按下，转到INK2
        JMP BEGIN
;==========================================
;确定按下键的位置
;==========================================
INK2:   MOV CH,0FEH
        MOV CL,00H
COLUM:  MOV AL,CH
        MOV DX,MY8255_A
        OUT DX,AL
        MOV DX,MY8255_C
        IN AL,DX
L1:     TEST AL,01H         ;is L1?
        JNZ L2
        MOV AL,00H          ;L1
        JMP KCODE
L2:     TEST AL,02H         ;is L2?
        JNZ L3
        MOV AL,04H          ;L2
        JMP KCODE
L3:     TEST AL,04H         ;is L3?
        JNZ L4
        MOV AL,08H          ;L3
        JMP KCODE
L4:     TEST AL,08H         ;is L4?
        JNZ NEXT
```

```
                MOV AL,0CH            ;L4
    KCODE:  ADD AL,CL
            CALL PUTBUF
            PUSH AX
    KON:    CALL DIS
            CALL CLEAR
            CALL CCSCAN
            JNZ KON
            POP AX
    NEXT:   INC CL
            MOV AL,CH
            TEST AL,08H
            JZ KERR
            ROL AL,1
            MOV CH,AL
            JMP COLUM
    KERR:   JMP BEGIN
    ;========================================
    ;键盘扫描子程序
    ;========================================
    CCSCAN: MOV AL,00H
            MOV DX,MY8255_A
            OUT DX,AL
            MOV DX,MY8255_C
            IN  AL,DX
            NOT AL
            AND AL,0FH
            RET
    ;========================================
    ;清屏子程序
    ;========================================
    CLEAR:  MOV DX,MY8255_B
            MOV AL,00H
            OUT DX,AL
            RET
    ;========================================
    ;显示子程序
    ;========================================
    DIS:    PUSH AX
            MOV SI,3000H
            MOV DL,0F7H
```

```
                MOV AL,DL
AGAIN:  PUSH DX
        MOV DX,MY8255_A
        OUT DX,AL
        MOV AL,[SI]
        MOV BX,OFFSET DTABLE
        AND AX,00FFH
        ADD BX,AX
        MOV AL,[BX]
        MOV DX,MY8255_B
        OUT DX,AL
        CALL DALLY
        INC SI
        POP DX
        MOV AL,DL
        TEST AL,01H
        JZ  OUT1
        ROR AL,1
        MOV DL,AL
        JMP AGAIN
OUT1:   POP AX
        RET
DALLY:  PUSH CX
        MOV CX,000FH
T1:     MOV AX,009FH
T2:     DEC AX
        JNZ T2
        LOOP T1
        POP CX
        RET
;=======================================
;存键盘值到相应位的缓冲中
;=======================================
PUTBUF: MOV SI,DI
        MOV [SI],AL
        DEC DI
        CMP DI,2FFFH
        JNZ GOBACK
        MOV DI,3003H
GOBACK: RET
CODE    ENDS
        END START
```

4.8.5　实验扩展

将键盘进行编号，记作 A～P，当按下其中一个按键时，将该按键对应的编号在一个数码管上显示出来，再按下一个按键时，便将这个按键的编号在下一个数码管上显示出来，数码管上可以显示最近 4 次按下的按键编号。

4.9　电子发声设计实验*

4.9.1　实验目的

学习用 8254 定时/计数器使蜂鸣器发声的编程方法。

4.9.2　实验内容

根据实验提供的音乐频率表和时间表，编写程序控制 8254，使其输出连接到扬声器上能发出相应的乐曲。

4.9.3　实验说明

一个音符对应一个频率，将对应一个音符频率的方波连接到扬声器上，就可以发出这个音符的声音。将一段乐曲的音符对应频率的方波依次送到扬声器，就可以演奏出这段乐曲。利用 8254 的方式 3——"方波发生器"，将相应一种频率的计数初值写入计数器，就可产生对应频率的方波。

计数初值的计算如下：

$$计数初值=输入时钟÷输出频率$$

例如，输入时钟采用 1 MHz，要得到 800 Hz 的频率，计数初值即为 1 000 000÷800。音符与频率对照关系如表 4-8 所示。对于每一个音符的演奏时间，可以通过软件延时来处理。首先确定单位延时时间程序（根据 CPU 的频率不同而有所变化）。然后确定每个音符演奏需要几个单位时间，将这个值送入 DL 中，调用 DALLY 子程序即可。

```
;单位延时时间                    ;N 个单位延时时间（N 送至 DL）
DALLY PROC                      DALLY PROC
D0: MOV CX, 0010H              D0: MOV CX, 0010H
D1: MOV AX, 0F00H             D1: MOV AX, 0F00H
D2: DEC AX                     D2: DEC AX
    JNZ D2                         JNZ D2
    LOOP D1                        LOOP D1
                                   DEC DL
                                   JNZ D0

    RET                            RET
DALLY ENDP                     DALLY ENDP
```

表 4-8　音符与频率对照表　单位：Hz

音调＼音符	$\dot{1}$	$\dot{2}$	$\dot{3}$	$\dot{4}$	$\dot{5}$	$\dot{6}$	$\dot{7}$
A	221	248	278	294	330	371	416
B	248	278	312	330	371	416	467
C	131	147	165	175	196	221	248
D	147	165	185	196	221	248	278
E	165	185	208	221	248	278	312
F	175	196	221	234	262	294	330
G	196	221	248	262	294	330	371

音调＼音符	1	2	3	4	5	6	7
A	441	495	556	589	661	742	833
B	495	556	624	661	742	833	935
C	262	294	330	350	393	441	495
D	294	330	371	393	441	495	556
E	330	371	416	441	495	556	624
F	350	393	441	467	525	589	661
G	393	441	495	525	589	661	742

音调＼音符	$\overset{.}{1}$	$\overset{.}{2}$	$\overset{.}{3}$	$\overset{.}{4}$	$\overset{.}{5}$	$\overset{.}{6}$	$\overset{.}{7}$
A	882	990	1112	1178	1322	1484	1665
B	990	1112	1248	1322	1484	1665	1869
C	525	589	661	700	786	882	990
D	589	661	742	786	882	990	1112
E	661	742	833	882	990	1112	1248
F	700	786	882	935	1049	1178	1322
G	786	882	990	1049	1178	1322	1484

图 4-37 提供了乐曲《友谊地久天长》实验参考程序。程序中频率表是将曲谱中的音符对应的频率值依次记录下来（B 调、四分之二拍），时间表是将各个音符发音的相对时间记录下来（由曲谱中节拍得出）。

频率表和时间表是一一对应的，频率表的最后一项为 0，作为重复的标志。根据频率表中的频率算出对应的计数初值，然后依次写入 8254 的计数器。将时间表中相对时间值代入延时程序得到音符演奏时间。实验参考程序流程如图 4-37 所示。

4.9.4　实验步骤

（1）参考图 4-38 连接实验电路。

（2）编写实验程序（例程文件名为 A4-9.ASM），经编译、连接无误后装入系统。

（3）运行程序，听扬声器发出的音乐是否正确。

（4）固化程序，然后脱机运行程序。

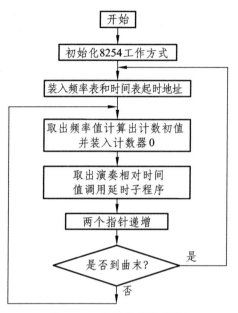

图 4-37　实验参考流程图

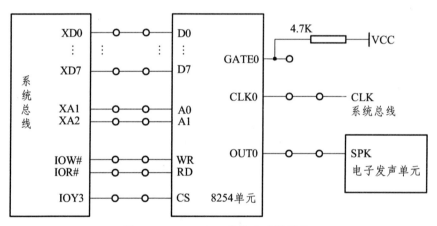

图 4-38　8254 电子发声实验接线图

4.9.5　实验程序

汇编语言程序示例：A4-9.ASM。

```
；端口定义
IOY0            EQU 06C0H
MY8254_COUNT0 EQU IOY0+00H    ;8254 计数器 0 端口地址
MY8254_COUNT1 EQU IOY0+02H    ;8254 计数器 1 端口地址
MY8254_COUNT2 EQU IOY0+04H    ;8254 计数器 2 端口地址
MY8254_MODE     EQU IOY0+06H   ;8254 控制寄存器端口地址
STACK1 SEGMENT STACK
        DW 256 DUP(?)
```

```
STACK1 ENDS
DATA    SEGMENT
FREQ_LIST  DW  371,495,495,495,624,556,495,556,624        ;频率表
       DW  495,495,624,742,833,833,833,742,624
           DW  624,495,556,495,556,624,495,416,416,371
           DW  495,833,742,624,624,495,556,495,556,833
           DW  742,624,624,742,833,990,742,624,624,495
       DW  556,495,556,624,495,416,416,371,495,0
TIME_LIST  DB    4,  6,  2,  4,  4,  6,  2,  4,  4        ;时间表
           DB    6,  2,  4,  4, 12,  1,  3,  6,  2
           DB    4,  4,  6,  2,  4,  4,  6,  2,  4,  4
           DB   12,  4,  6,  2,  4,  4,  6,  2,  4,  4
           DB    6,  2,  4,  4, 12,  4,  6,  2,  4,  4
           DB    6,  2,  4,  4,  6,  2,  4,  4, 12
DATA    ENDS
CODE    SEGMENT
        ASSUME  CS:CODE,DS:DATA
START:  MOV AX,DATA
        MOV DS,AX
        MOV DX,MY8254_MODE              ;初始化8254工作方式
        MOV AL,36H                      ;定时器0、方式3
        OUT DX,AL
BEGIN:  MOV SI,OFFSET FREQ_LIST         ;装入频率表起始地址
        MOV DI,OFFSET TIME_LIST         ;装入时间表起始地址
PLAY:   MOV DX,0FH                      ;输入时钟为1MHz,1M = 0F4240H
        MOV AX,4240H
        DIV WORD PTR [SI]               ;取出频率值计算计数初值,0F4240H/输出频率
        MOV DX,MY8254_COUNT0
        OUT DX,AL                       ;装入计数初值
        MOV AL,AH
        OUT DX,AL
        MOV DL,[DI]                     ;取出演奏相对时间,调用延时子程序
        CALL DALLY
        ADD SI,2
        INC DI
        CMP WORD PTR [SI],0             ;判断是否到曲末?
        JE  BEGIN
        JMP PLAY
DALLY   PROC                            ;延时子程序
D0:     MOV CX,0010H
D1:     MOV AX,0FF0H
```

```
D2:      DEC AX
         JNZ D2
         LOOP D1
         DEC DL
         JNZ D0
         RET
DALLY    ENDP
CODE     ENDS
         END START
```

4.9.6　实验扩展

用 8254 定时/计数器使蜂鸣器演奏乐曲《新年好》。

4.10　点阵 LED 显示设计实验*

4.10.1　实验目的

（1）了解 LED 点阵的基本结构；
（2）学习 LED 点阵扫描显示程序的设计方法。

4.10.2　实验内容及原理

编写程序，控制点阵向上卷动显示"西安唐都科教仪器公司！"。

实验系统中的 16×16 LED 点阵由 4 块 8×8 LED 点阵组成，如图 4-39 所示，8×8 点阵内部结构图如图 4-40 所示。当行为"0"，列为"1"，则对应行、列上的 LED 点亮。图 4-41 为点阵外部引脚图。汉字显示如图 4-42 所示。

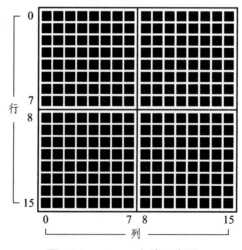

图 4-39　16×16 点阵示意图

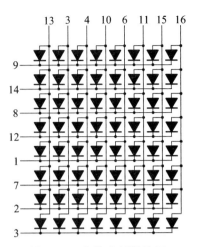

图 4-40　点阵内部结构图

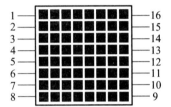

图 4-41　点阵外部引脚图

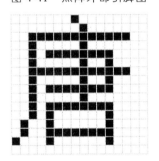

图 4-42　显示示例

点阵实验单元电路图如图 4-43 所示。由于 2803 输出反向，所以行为 1，列为 0 时对应点的 LED 点亮。

4.10.3　实验步骤

（1）按图 4-44 连接实验电路图。

（2）编写实验程序（例程文件名为 A4-10-1.ASM 和 A4-10-2.ASM），检查无误后，编译、链接并装入系统。

（3）运行实验程序，观察点阵的显示，验证程序功能。

（4）固化实验程序，然后脱机运行。

（5）自己可以设计实验，使点阵显示不同的符号。

使用点阵显示符号时，必须首先得到显示符号的编码，这可以根据需要通过不同的工具获得。在本例中，我们首先得到了显示汉字的字库文件，然后将该字库文件修改后放到主文件中。

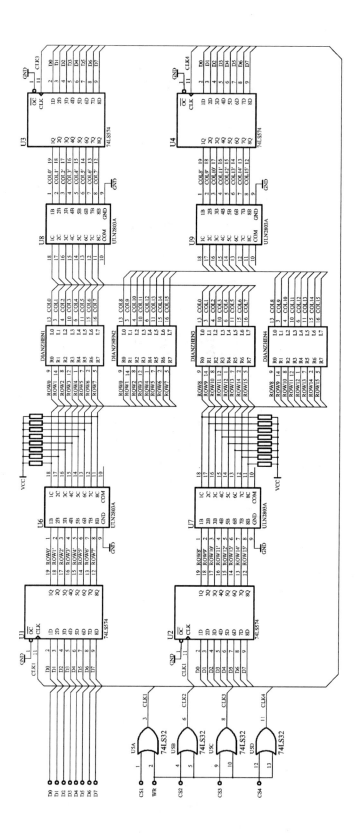

图 4-43　点阵实验单元电路图

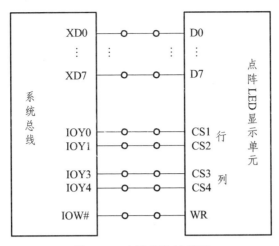

图 4-44　点阵实验接线图

4.10.4　字符提取方法

（1）将 HZDotReader 文件夹复制到硬盘上，然后双击文件 运行程序。

（2）在"设置"下拉菜单中选择"取模字体"选项，设置需要显示汉字的字体（见图 4-45）。

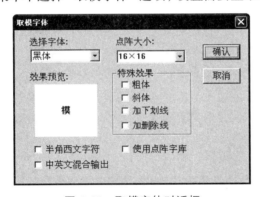

图 4-45　取模字体对话框

（3）在"设置"下拉菜单中选择"取模方式"选项，在本系统中的选择如图 4-46 所示，即以横向 8 个连续点构成一个字节，最左边的点为字节的最低位，即 BIT0，最右边的点为 BIT7。16×16 汉字为每行 2 字节，共 16 行取字模，每个汉字共 32 字节，点阵四个角取字顺序为左上角→右上角→左下角→右下角。

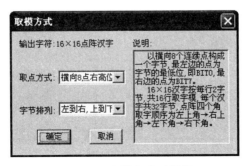

图 4-46　取模方式对话框

（4）在"设置"下拉菜单中选择"输出设置"选项，以设置输出格式，可以为汇编格式或C语言格式，根据实验程序语言而定，如图4-47所示。

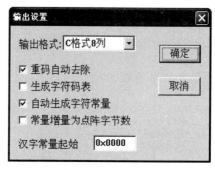

图4-47　输出设置对话框

（5）点击 字 按钮，弹出字符输入对话框，输入"西安唐都科教仪器公司!"，如图 4-48 所示，然后点击输入按钮。

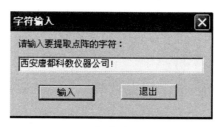

图4-48　字符输入对话框

（6）字符输入后，可得到输入字符的点阵编码以及对应汉字的显示，如图4-49所示。此时可以对点阵进行编辑，方法是右键点击某一汉字，此时该汉字的编码反蓝，然后点击"编辑"下拉菜单中的"编辑点阵"选项来编辑该汉字，如图4-50所示。鼠标左键为点亮某点，鼠标右键为取消某点。若无需编辑，则进行保存，软件会将此点阵文件保存为dot格式。

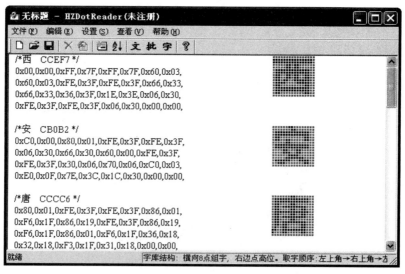

图4-49　字模生成窗口

100

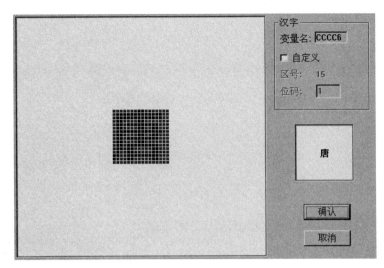

图 4-50　点阵编辑窗

（7）使用 Word 软件打开保存的文件，然后将字库复制到自己的程序中使用。

4.10.5　实验程序

1. A4-10-1.ASM

A4-10-1.ASM 下载

```
ROW1    EQU 0600H              ;端口定义
ROW2    EQU 0640H
COL1    EQU 0680H
COL2    EQU 06C0H
STACK1 SEGMENT STACK
        DW 256 DUP(?)
STACK1 ENDS
;定义为数据段
        INCLUDE HZDOT.ASM ;数据字段为汉字点阵库，在 HZDOT.ASM 文件中
CODE    SEGMENT
        ASSUME CS:CODE, DS:DATA
START:  MOV AX, DATA
        MOV DS, AX
        MOV DX, ROW1
        MOV AL, 00H
        OUT DX, AL
        MOV DX, ROW2
        OUT DX, AL
        MOV AL, 0ffH
        MOV DX, COL1
        OUT DX, AL
```

101

```
             MOV DX, COL2
             OUT DX, AL
BG0:    MOV AX, 160
             MOV SI, OFFSET HZDOT
BG1:    CALL DISP
             ADD SI, 2
             DEC AX
             JZ BG0
             JMP BG1
```

;======显示汉字子程序======
;入口参数：SI = 存放汉字起始地址

```
DISP:   MOV CX, 000FH
             PUSH AX
ML0:    PUSH CX
             MOV BL, 01H
             MOV CX, 0008H
ML1:    MOV DX, ROW1              ;控制 0--7 行
             MOV AL, 00H
             OUT DX, AL
             MOV AL, [SI]
NOT AL
             MOV DX, COL1              ;0--7 列
             OUT DX, AL
             INC SI
             MOV AL, [SI]
NOT AL
             MOV DX, COL2              ;8--15 列
             OUT DX, AL
             INC SI
             MOV DX, ROW1              ;控制 0--7 行
             MOV AL, BL
             OUT DX, AL
             ROL BL, 1
             CALL DELAY
             LOOP ML1
             MOV DX, ROW1
             MOV AL, 00H
             OUT DX, AL
             MOV CX, 0008H
ML2:    MOV DX, ROW2              ;控制 8--15 行
             MOV AL, 00H
```

102

```
        OUT DX, AL
        MOV AL, [SI]
NOT AL
        MOV DX, COL1            ;0--7 列
        OUT DX, AL
        INC SI
        MOV AL, [SI]
        NOT AL
        MOV DX, COL2            ;8--15 列
        OUT DX, AL
        INC SI
        MOV DX, ROW2            ;控制 8--15 行
        MOV AL, BL
        OUT DX, AL
        ROL BL, 1
        CALL DELAY
        LOOP ML2
        MOV DX, ROW2
        MOV AL, 00H
        OUT DX, AL
        SUB SI, 32
        POP CX
        LOOP ML0
        POP AX
        RET
DELAY:  PUSH CX                 ;延时子程序
        MOV CX, 0100H
DL1:    PUSH AX
        POP AX
        LOOP DL1
        POP CX
        RET
CODE    ENDS
        END START
```

2. A4-10-2.ASM

```
DATA    SEGMENT
;西
```

```
HZDOT   DB 000H,000H,0FFH,07FH,020H,002H,020H,002H
        DB 0FEH,03FH,022H,022H,022H,022H,022H,022H
        DB 022H,022H,012H,03CH,00AH,020H,006H,020H
        DB 002H,020H,0FEH,03FH,002H,020H,000H,000H
        ;安
        DB 040H,000H,080H,000H,0FCH,07FH,004H,020H
        DB 022H,010H,060H,000H,020H,000H,0FFH,07FH
        DB 010H,004H,010H,004H,010H,002H,060H,001H
        DB 080H,000H,060H,003H,018H,01CH,007H,008H
        ;唐
        DB 080H,000H,000H,001H,0FCH,03FH,004H,001H
        DB 0F4H,00FH,004H,009H,0FCH,03FH,004H,009H
        DB 0F4H,00FH,004H,001H,0F4H,00FH,014H,008H
        DB 012H,008H,0F2H,00FH,011H,008H,000H,000H
        ;都
        DB 010H,000H,010H,07CH,07EH,045H,090H,024H
        DB 050H,014H,0FFH,00DH,010H,014H,008H,024H
        DB 0FCH,044H,086H,044H,0FDH,044H,084H,05CH
        DB 084H,024H,0FCH,004H,084H,004H,000H,004H
        ;科
        DB 060H,010H,01EH,011H,010H,012H,010H,012H
        DB 07FH,010H,018H,011H,038H,012H,054H,012H
        DB 014H,070H,012H,01EH,0D1H,011H,010H,010H
        DB 010H,010H,010H,010H,010H,010H,010H,010H
        ;教
        DB 010H,004H,010H,004H,0FEH,004H,050H,07EH
        DB 0FFH,023H,010H,022H,008H,023H,07CH,012H
        DB 023H,014H,010H,014H,0F0H,008H,01FH,008H
        DB 010H,014H,010H,013H,0D4H,060H,008H,020H
        ;仪
        DB 010H,001H,010H,002H,008H,016H,048H,012H
        DB 044H,010H,046H,008H,085H,008H,084H,008H
        DB 004H,005H,004H,005H,004H,002H,004H,005H
        DB 084H,008H,044H,070H,034H,020H,004H,000H
        ;器
        DB 07CH,03EH,044H,022H,044H,022H,07CH,03EH
        DB 080H,008H,080H,010H,0FFH,03FH,060H,003H
        DB 018H,00CH,007H,070H,07CH,03FH,044H,011H
        DB 044H,011H,044H,011H,07CH,01FH,000H,000H
        ;公
        DB 000H,000H,020H,002H,060H,002H,020H,002H
```

```
DB 010H,004H,010H,008H,008H,018H,044H,070H
DB 0C2H,020H,040H,000H,020H,004H,010H,008H
DB 088H,01FH,0FCH,018H,008H,008H,000H,000H
;司
DB 000H,000H,0FCH,03FH,000H,020H,000H,020H
DB 0FEH,027H,000H,020H,000H,020H,0FCH,023H
DB 004H,022H,004H,022H,0FCH,023H,004H,022H
DB 004H,020H,000H,028H,000H,010H,000H,000H
DATA    ENDS
```

4.10.6 实验扩展

编写程序，通过 8255 单元控制点阵的扫描显示，使 8×8 LED 点阵由大到小循环显示符号"□"。

4.11 图形 LCD 显示设计实验*

4.11.1 实验目的

了解图形 LCD 的控制方法。

4.11.2 实验内容

本实验使用的是 128×64 图形点阵液晶，编写实验程序，通过 8255 控制液晶，显示"唐都科教仪器公司欢迎你!"，并使该字串滚屏一周。

4.11.3 实验原理

1. 液晶模块的接口信号及工作时序

该图形液晶内置有控制器，这使得液晶显示模块的硬件电路简单化，它与 CPU 连接的信号线时序参数如表 4-9 和图 4-51 所示。

表 4-9 时序参数说明

特性曲线	助记符	最小值	典型	最大值	单位
E 周期	tcyc	1000	—	—	ns
E 高电平宽度	twhE	450	—	—	ns
E 低电平宽度	twlE	450	—	—	ns
E 上升时间	tr	—	—	25	ns
E 下降时间	tf	—	—	25	ns
地址建立时间	tas	140	—	—	ns
地址保持时间	tah	10	—	—	ns
数据建立时间	tdsw	200	—	—	ns

特性曲线	助记符	最小值	典型	最大值	单位
数据延迟时间	Tddr	—	—	320	ns
数据保持时间（写）	tdhw	10	—	—	ns
数据保持时间（读）	tdhr	20	—	—	ns

CS1、CS2：片选信号，低电平有效；

E：使能信号；

RS：数据和指令选择信号，RS=1 为 RAM 数据，RS=0 为指令数据；

R/W：读/写信号，R/W=1 为读操作，R/W=0 为写操作；

D7～D0：数据总线；

LT：背景灯控制信号，LT=1 时打开背景灯，LT=0 时关闭背景灯。

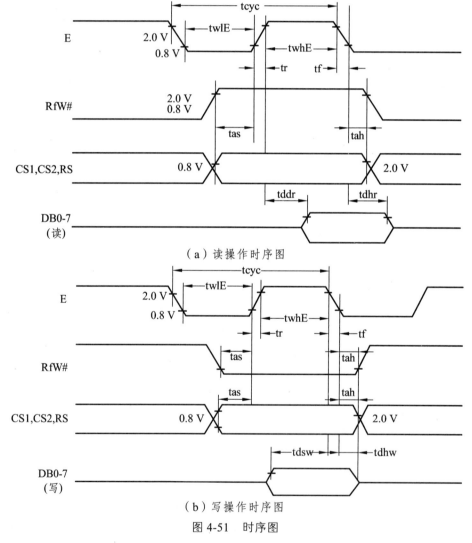

（a）读操作时序图

（b）写操作时序图

图 4-51　时序图

2. 显示控制指令

显示控制指令控制着液晶控制器的内部状态，具体如表 4-10 所示。

表 4-10 显示控制命令列表

指令	RS	R/W	DB7	DB6	DB5	DB4	DB3	DB2	DB1	DB0
显示开/关	0	0	0	0	1	1	1	1	1	0/1
设置地址	0	0	0	1	Y 地址（0～63）					
设置页（X 地址）	0	0	1	0	1	1	1	页（0～7）		
显示起始行（Z 地址）	0	0	1	1	显示起始行（0～63）					
状态读	0	1	忙	0	开/关	复位	0	0	0	0
写显示数据	1	0	写数据							
读显示数据	1	1	读数据							

显示开关：

格式	RS	R/W	DB7	DB6	DB5	DB4	DB3	DB2	DB1	DB0
	0	0	0	0	1	1	1	1	1	D

该指令用于设置显示开/关触发器的状态，当 D=1 为显示数据，当 D=0 为关闭显示设置。

设置地址（Y 地址）：

格式	RS	R/W	DB7	DB6	DB5	DB4	DB3	DB2	DB1	DB0
	0	0	0	1	AC5	AC4	AC3	AC2	AC1	AC0

该指令用于设置 Y 地址计数器的内容，AC5～AC0=0～63，代表某一页面上的某一单元地址，随后的一次读或写数据将在这个单元上进行。Y 地址计数器具有自动加 1 功能，在每次读或写数据后它将自动加 1，所以在连续读写数据时，Y 地址计数器不必每次设置一次。

设置页（X 地址）：

格式	RS	R/W	DB7	DB6	DB5	DB4	DB3	DB2	DB1	DB0
	0	0	1	0	1	1	1	AC2	AC1	AC0

该指令用于设置页面地址寄存器的内容。显示存储器共分 8 页，指令代码中 AC2～AC0用于确定当前所要选择的页面地址，取值范围为 0～7，代表第 1～8 页。该指令指出以后的读写操作将在哪一个页面上进行。显示起始行（Z 地址）：

格式	RS	R/W	DB7	DB6	DB5	DB4	DB3	DB2	DB1	DB0
	0	0	1	1	L5	L4	L3	L2	L1	L0

该指令设置了显示起始行寄存器的内容。此液晶共有 64 行显示的管理能力，指令中的L5～L0 为显示起始行的地址，取值为 0～63，规定了显示屏上最顶一行所对应的显示存储器的行地址。若等时间、等间距地修改显示起始行寄存器的内容，则显示屏将呈现显示内容向上或向下滚动的显示效果。

状态读：

格式	RS	R/W	DB7	DB6	DB5	DB4	DB3	DB2	DB1	DB0
	0	1	忙	0	开/关	复位	0	0	0	0

状态字是 CPU 了解液晶当前状态的唯一信息渠道。共有 3 位有效位，说明如下。

忙：表示当前液晶接口控制电路运行状态。当忙位为 1 表示正在处理指令或数据，此时接口电路被封锁，不能接受除读状态字以外的任何操作。当忙位为 0 时，表明接口控制电路已准备好等待 CPU 的访问。

开/关：表示当前的显示状态。为 1 表示关显示状态，为 0 表示开显示状态。

复位：为 1 表示系统正处于复位状态，此时除状态读可被执行外，其他指令不可执行，此位为 0 表示处于正常工作状态。

在指令设置和数据读写时要注意状态字中的忙标志。只有在忙标志为 0 时，对液晶的操作才能有效。所以在每次对液晶操作前，都要读出状态字判断忙标志位，若不为 0 则需要等待，直到忙标志为 0 为止。

写显示数据：

格式	RS	R/W	DB7	DB6	DB5	DB4	DB3	DB2	DB1	DB0
	1	0	D7	D6	D5	D4	D3	D2	D1	D0

该操作将 8 位数据写入先前确定的显示存储单元中。操作完成后列地址计数器自动加 1。

读显示数据：

格式	RS	R/W	DB7	DB6	DB5	DB4	DB3	DB2	DB1	DB0
	1	1	D7	D6	D5	D4	D3	D2	D1	D0

该操作将读出显示数据 RAM 中的数据，然后列地址计数器自动加 1。

4.11.4　实验步骤

（1）按照图 4-52 连接实验电路。

（2）得到需显示汉字或图形的显示数据，这里需要得到"唐都科教仪器公司欢迎你！"的字模。

（3）编写实验程序（例程文件名为 A4-11.ASM），编译、链接无误后装入系统。

（4）运行实验程序，验证程序功能。

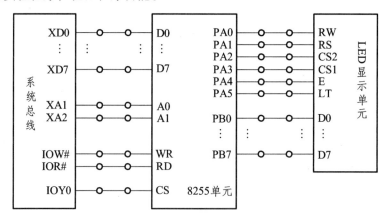

图 4-52　液晶实验接线图

4.11.5　实验程序

汇编语言程序示例：A4-11.ASM。

A4-11.ASM 下载

;LCD 显示设计实验

```
INCLUDE LCD.INC
IOY0          EQU    0600H              ;片选 IOY0 对应的端口始地址
MY8255_A    EQU    IOY0+00H*2          ;8255 的 A 口地址
MY8255_B    EQU    IOY0+01H*2          ;8255 的 B 口地址
MY8255_C    EQU    IOY0+02H*2          ;8255 的 C 口地址
MY8255_MODE EQU    IOY0+03H*2          ;8255 的控制寄存器地址
STACK1 SEGMENT STACK
        DW 256 DUP(?)
STACK1 ENDS

DATA SEGMENT
CMD   DB   ?                           ;定义操作 LCD 命令变量
DAT   DB   ?                           ;定义操作 LCD 数据变量
XAD   DB   ?                           ;定义 X 地址变量
YAD   DB   ?                           ;定义 Y 地址变量
DATA ENDS
CODE SEGMENT
        ASSUME CS:CODE,DS:DATA
START: MOV AX,DATA
       MOV DS,AX
       MOV DX,MY8255_MODE              ;定义 8255 工作方式
       MOV AL,80H                      ;工作方式 0，A 口和 B 口为输出
       OUT DX,AL
       MOV CMD,04H                     ;设置第一块显示打开
       MOV DAT,3FH
       CALL WRITE
       MOV CMD,08H                     ;设置第二块显示打开
       MOV DAT,3FH
       CALL WRITE
       MOV CMD,04H                     ;设置第一块起始行
       MOV DAT,0C0H
       CALL WRITE
       MOV CMD,08H                     ;设置第二块起始行
       MOV DAT,0C0H
       CALL WRITE
       MOV AL,0
CLRALL:MOV CMD,04H                     ;清屏
       CALL CLEAR
       MOV CMD,08H
       CALL CLEAR
       INC AL
```

```
          CMP AL,8
          JNZ CLRALL
          MOV XAD,0BAH                    ;在第一块、以 X 地址 BAH
          MOV YAD,40H                     ;Y 地址 40H 为起始
          MOV CMD,04H
          MOV SI,OFFSET TANG              ;显示汉字"唐"
          CALL WRITEHZ
          MOV XAD,0BAH                    ;在第一块、以 X 地址 BAH
          MOV YAD,50H                     ;Y 地址 50H 为起始
          MOV CMD,04H
          MOV SI,OFFSET DU                ;显示汉字"都"
          CALL WRITEHZ
          MOV XAD,0BAH                    ;在第一块、以 X 地址 BAH
          MOV YAD,60H                     ;Y 地址 60H 为起始
          MOV CMD,04H
          MOV SI,OFFSET KE                ;显示汉字"科"
          CALL WRITEHZ
          MOV XAD,0BAH                    ;在第一块、以 X 地址 BAH
          MOV YAD,70H                     ;Y 地址 70H 为起始
          MOV CMD,04H
          MOV SI,OFFSET JIAO              ;显示汉字"教"
          CALL WRITEHZ
          MOV XAD,0BAH                    ;在第二块、以 X 地址 BAH
          MOV YAD,40H                     ;Y 地址 40H 为起始
          MOV CMD,08H
          MOV SI,OFFSET YI                ;显示汉字"仪"
          CALL WRITEHZ
          MOV XAD,0BAH                    ;在第二块、以 X 地址 BAH
          MOV YAD,50H                     ;Y 地址 50H 为起始
          MOV CMD,08H
          MOV SI,OFFSET QI                ;显示汉字"器"
          CALL WRITEHZ
          MOV XAD,0BAH                    ;在第二块、以 X 地址 BAH
          MOV YAD,60H                     ;Y 地址 60H 为起始
          MOV CMD,08H
          MOV SI,OFFSET GONG              ;显示汉字"公"
          CALL WRITEHZ
          MOV XAD,0BAH                    ;在第二块、以 X 地址 BAH
          MOV YAD,70H                     ;Y 地址 70H 为起始
          MOV CMD,08H
          MOV SI,OFFSET SI1               ;显示汉字"司"
```

```
              CALL WRITEHZ
              MOV XAD,0BCH              ;在第一块、以 X 地址 BCH
              MOV YAD,60H               ;Y 地址 60H 为起始
              MOV CMD,04H
              MOV SI,OFFSET HUAN        ;显示汉字"欢"
              CALL WRITEHZ
              MOV XAD,0BCH              ;在第一块、以 X 地址 BCH
              MOV YAD,70H               ;Y 地址 70H 为起始
              MOV CMD,04H
              MOV SI,OFFSET YING        ;显示汉字"迎"
              CALL WRITEHZ
              MOV XAD,0BCH              ;在第二块、以 X 地址 BCH
              MOV YAD,40H               ;Y 地址 40H 为起始
              MOV CMD,08H
              MOV SI,OFFSET NIN         ;显示汉字"您"
              CALL WRITEHZ
              MOV XAD,0BCH              ;在第二块、以 X 地址 BCH
              MOV YAD,50H               ;Y 地址 50H 为起始
              MOV CMD,08H
              MOV SI,OFFSET GANTAN      ;显示标点"！"
              CALL WRITEHZ
MOVE1:        MOV CX,0C0H              ;设置起始行从 C0H 到 FFH
MOVE2:        MOV DAT,CL              ;达到显示向上移动的效果
              MOV CMD,04H
              CALL WRITE
              MOV CMD,08H
              CALL WRITE
              CALL DALLY
              MOV AH,1                 ;判断是否有按键按下
              INT 16H
              JNZ QUIT                 ;无按键则继续循环，有则退出
              INC CX
              CMP CX,100H
              JNZ MOVE2
              JMP MOVE1
QUIT:      CALL LEDOFF
              MOV AX,4C00H             ;结束程序退出
              INT 21H
WRITE PROC NEAR                       ;写命令和数据子程序
              MOV DX,MY8255_B          ;送出命令或数据
              MOV AL,DAT
```

```
            OUT DX,AL
            OR  CMD,10H                    ;使 E 信号产生高脉冲，将命令或数据写入
            MOV AL,CMD
            MOV DX,MY8255_A
            OUT DX,AL
            AND CMD,0EFH
            MOV AL,CMD
            OUT DX,AL
            RET
      WRITE ENDP
      CLEAR PROC NEAR                      ;清 X 地址为 B8H～BFH 中的一页屏幕子程序
            PUSH AX
            ADD AL,0B8H
            MOV DAT,AL                      ;设置 X 地址
            CALL WRITE
            CALL QUERY
            MOV DAT,40H                     ;设置 Y 地址
            CALL WRITE
            CALL QUERY
            MOV CX,64                       ;循环 64 次，清除整页
      LC:   MOV DAT,00H                     ;向数据单元中写 00H，达到清屏
            ADD CMD,2
            CALL WRITE
            SUB CMD,2
            CALL QUERY
            LOOP LC
            POP AX
            RET
      CLEAR ENDP
      QUERY PROC NEAR                      ;查询 LCD 控制器是否空闲
            ADD CMD,1
            MOV DX,MY8255_MODE              ;设置 8255 的 B 口为输入，需要读数据
            MOV AL,82H
            OUT DX,AL
      Q1:   OR  CMD,10H                     ;将命令送入
            MOV AL,CMD
            MOV DX,MY8255_A
            OUT DX,AL
            AND CMD,0EFH
            MOV AL,CMD
            OUT DX,AL
```

```
        MOV DX,MY8255_B          ;读出查询字，进行判断
        IN  AL,DX
        TEST AL,80H
        JZ  Q2                   ;空闲则退出，否则继续查询
        JMP Q1
Q2:     MOV DX,MY8255_MODE       ;恢复 8255 控制字，A、B 口均为输出
        MOV AL,80H
        OUT DX,AL
        SUB CMD,1
        RET
QUERY ENDP
WRITEHZ PROC NEAR                ;从某一坐标为起始写汉字子程序
        MOV BL,0                 ;将 16*16 分成两个 16*8 完成写入
WRHZ1:  MOV AL,XAD               ;设置 X 坐标
        MOV DAT,AL
        CALL WRITE
        CALL QUERY
        MOV AL,YAD               ;设置 Y 坐标
        MOV DAT,AL
        CALL WRITE
        CALL QUERY
        MOV CX,0
WRHZ2:  MOV DI,SI                ;装入汉字点阵数据起始地址
        MOV AL,BL                ;计算偏移[CX+(BL*16)]
        MOV DL,16
        MUL DL
        ADD AX,CX
        ADD DI,AX                ;将结果与起始地址相加
        MOV AL,BYTE PTR[DI]      ;取出数据并写入 LCD
        MOV DAT,AL
        ADD CMD,2
        CALL WRITE
        SUB CMD,2
        CALL QUERY
        INC CX
        CMP CX,16
        JNZ WRHZ2                ;未写完则跳回继续
        ADD XAD,1                ;X 地址加 1，准备写下页
        INC BL
        CMP BL,2
        JNZ WRHZ1
```

```
            RET
WRITEHZ ENDP
LEDON PROC NEAR                 ;打开背景灯
        OR  CMD,20H
        MOV DX,MY8255_A
        MOV AL,CMD
        OUT DX,AL
        RET
LEDON ENDP
LEDOFF PROC NEAR                ;关闭背景灯
        AND CMD,0DFH
        MOV DX,MY8255_A
        MOV AL,CMD
        OUT DX,AL
        RET
LEDOFF ENDP
DALLY PROC NEAR                 ;软件延时子程序
        PUSH CX
        PUSH AX
        MOV CX,0000H
D1:     MOV AX,0001H
D2:     DEC AX
        JNZ D2
        LOOP D1
        POP AX
        POP CX
        RET
DALLY ENDP
CODE ENDS
    END START
```

4.11.6　实验扩展

编写实验程序，通过 8255 控制液晶，显示"商洛学院欢迎你！"

4.12　直流电机闭环调速实验*

4.12.1　实验目的

（1）了解直流电机闭环调速的方法。

（2）掌握 PID 控制规律及算法。

（3）了解计算机在控制系统中的应用。

4.12.2　实验内容

直流电机闭环调速实验原理如图 4-53 所示。

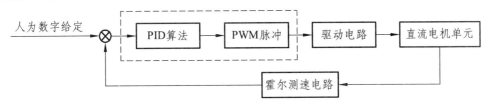

图 4-53　直流电机闭环调速实验原理

如图 4-53 所示，人为数字给定直流电机转速，与霍尔测速得到的直流电机转速（反馈量）进行比较，其差值经过 PID 运算，将得到控制量并产生 PWM 脉冲，通过驱动电路控制直流电机的转动，构成直流电机闭环调速控制系统。

实验系统中直流电机电路原理如图 4-54 所示。

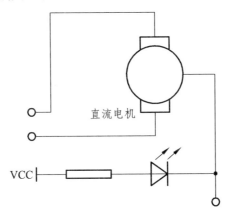

图 4-54　直流电机电路原理图

4.12.3　实验步骤

（1）根据图 4-55 连接实验线路图。

（2）参考图 4-56 的流程图编写实验程序（例程文件名为 A4-12.ASM），实验参数取值范围见表 4-11，检查无误后编译、链接并装入系统。

（3）点击按钮 ▣，启动 86 专用图形界面。

（4）在专用图形界面中，点击 ▧，运行程序，观察电机转速及示波器上给定值与反馈值的波形。

（5）点击 ▧ 按钮，暂停程序运行，根据实验波形分析直流电机的响应特性。

注：实验中给定值、反馈值都为单极性，屏幕最底端对应值为 00H，最顶端对应值为 FFH，对于时间刻度值由于采样周期不同存在以下关系：实际时间（秒）=n（实际刻度值）×采样周期控制量具有双极性，00H ~ 7FH 为负值，80H ~ FFH 为正值。

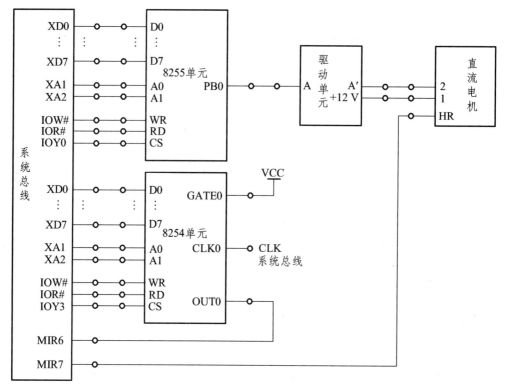

图 4-55　直流电机闭环调速实验参考接线图

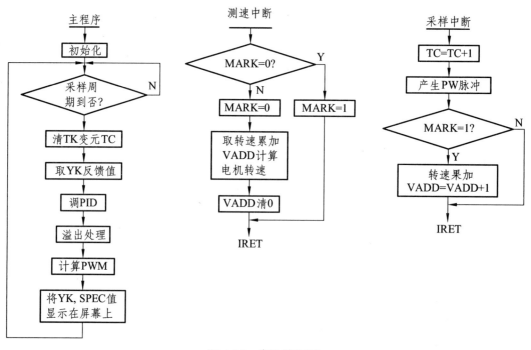

图 4-56　实验流程图

表 4-11　实验程序参数表

符号	单位	取值范围	名称及作用
TS	MS	00H ~ FFH	采样周期：决定数据采集处理快慢程度
SPEC	N/s	06H ~ 30H	给定：即要求电机达到的转速值
IBAND		0000H ~ 007FH	积分分离值：PID 算法中积分分离值
KPP		0000H ~ 1FFFH	比例系数：PID 算法中比例项系数值
KII		0000H ~ 1FFFH	积分系数：PID 算法中积分项系数值
KDD		0000H ~ 1FFFH	微分系数：PID 算法中微分项系数值
YK	N/s	0000H ~ 0042H	反馈：通过霍尔元件反馈算出的电机转速反馈值
CK		00H ~ FFH	控制量：PID 算法产生用于控制的量
VADD		000H ~ FFFFH	转速累加单元：纪录霍尔输出脉冲用于转速计算
ZV		00H ~ FFH	转速计算变量
ZVV		00H ~ FFH	转速计算变量
TC		00H ~ FFH	采样周期变量
FPWM		00H ~ 01H	PWM 脉冲中间标志位
CK_1		00H ~ FFH	控制量变量：纪录上次控制量值
EK_1		0000H ~ FFFFH	PID 偏差：E(K)=SPEC(K)-YK(K)
AEK_1		0000H ~ FFFFH	Δ E(K)=E(K)-E(K-1)
BEK		0000H ~ FFFFH	Δ E(K)=Δ E(K)-Δ E(K-1)
AAAA		00H ~ FFH	用于 PWM 脉冲高电平时间计算
VAA		00H ~ FFH	AAAA 变量
BBB		00H ~ FFH	用于 PWM 脉冲低电平时间计算
VBB		00H ~ FFH	BBB 变量
MARK		00H ~ 01H	PID 计算用变量
R0 ~ R8			PID 计算用变量

直流电机闭环调速实验中，电机转速范围为 6 ~ 48 r/s。即：给定值 SPEC 范围约在 06H ~ 30 H 之间。示例程序中给定 SPEC=30H 为 48 r/s。TS=14H，由于 8253 OUT2 接 IRQ6 中断为 1 ms，故采样周期=14H×1 ms=0.02 s。如实际刻度值 n=100，则实际响应时间=0.02×100=2 s。

实验结果如图 4-57 所示：

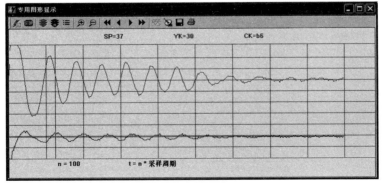

图 4-57　直流电机闭环调速实验结果图

117

4.12.4 实验程序

1. A4-12.ASM

```
SSTACK SEGMENT STACK
        DW 64 DUP(?)
        TOP LABEL WORD
SSTACK ENDS
DATA    SEGMENT
TS      DB 14H
SPEC    DW 0030H
IBAND   DW 0060H
KPP     DW 1060H
KII     DW 0010H
KDD     DW 0020H
CH1     DB ?
CH2     DB ?
YK      DW ?
CK      DB ?
VADD    DW ?
ZV      DB ?
ZVV     DB ?
TC      DB ?
FPWM    DB ?
CK_1    DB ?
EK_1    DW ?
AEK_1   DW ?
BEK     DW ?
AAAA    DB ?
VAA     DB ?
BBB     DB ?
VBB     DB ?
MARK    DB ?
R0      DW ?
R1      DW ?
R2      DW ?
R3      DW ?
R4      DW ?
R5      DW ?
R6      DW ?
R7      DB ?
```

```
R8       DW  ?
DATA     ENDS
CODE     SEGMENT
         ASSUME  CS:CODE,DS:DATA
START:   MOV AX,DATA
         MOV DS,AX
MAIN:    CALL INIT           ;初始化
         STI
M1:      MOV AL, TS          ;判断 Ts=Tc ?
         SUB AL, TC
         JNC M1
         MOV TC, 00H         ;得到 Yk
         MOV AL, ZVV
         MOV AH, 00H
         MOV YK, AX
         CALL PID            ;调用 PID 计算控制量 CK
         MOV AL, CK          ;根据 CK 产生 PWM 脉冲
         SUB AL, 80H
         JC  IS0
         MOV AAAA, AL
         JMP COU
IS0:     MOV AL, 10H
         MOV AAAA, AL
COU:     MOV AL, 7FH
         SUB AL, AAAA
         MOV BBB, AL
         MOV AX, SPEC        ;给定 SPEC 存入 CH1
         MOV CH1, AL
         MOV AX, YK          ;反馈 YK 存入 CH2
         MOV CH2, AL
         CALL PUT_COM        ;调用 PUT_COM 显示给定与反馈的波形
         JMP M1
PUT_COM:
         ;MOV DX, 03FBH
         ;IN  AL, DX
         ;AND AL, 7FH
         ;OUT   DX, AL
         MOV DX, 03FDH
WAIT1:   IN AL, DX
         TEST AL, 20H
         JZ  WAIT1
```

```
            MOV DX, 03F8H
            MOV AL, CH2
            OUT DX, AL
            MOV DX, 03FDH
    WAIT2:  IN AL, DX
            TEST AL, 20H
            JZ WAIT2
            MOV DX, 03F8H
            MOV AL, CH1
            OUT DX, AL
            RET
    INIT:   CLI
            PUSH DS
            XOR AX, AX
            MOV DS, AX
            MOV AX, OFFSET IRQ6      ;8259 IRQ6(T0:1ms)
            MOV SI, 0038H
            MOV [SI], AX
            MOV AX, CS
            MOV SI, 003AH
            MOV [SI], AX
            MOV AX, OFFSET IRQ7      ;8259 IRQ7(INT0:HR-OUT,COUNT-VVV)
            MOV SI, 003CH
            MOV [SI], AX
            MOV AX, CS
            MOV SI, 003EH
            MOV [SI], AX
            POP DS
    ;       MOV AL, 11H
    ;       OUT 20H, AL             ;ICW1
    ;       MOV AL, 08H
    ;       OUT 21H, AL             ;ICW2
    ;       MOV AL, 04H
    ;       OUT 21H, AL             ;ICW3
    ;       MOV AL, 01H
    ;       OUT 21H, AL             ;ICW4
            MOV AL, 2FH             ;允许 IRQ6,IRQ7
            OUT 21H, AL
            MOV VADD, 0000H         ;变量初始化
            MOV ZV, 00H
            MOV ZVV, 00H
```

```
        MOV CK, 00H
        MOV YK, 0000H
        MOV CK_1, 00H
        MOV EK_1, 0000H
        MOV AEK_1, 0000H
        MOV BEK, 0000H
        MOV BBB, 00H
        MOV VBB, 00H
        MOV R0, 0000H
        MOV R1, 0000H
        MOV R2, 0000H
        MOV R3, 0000H
        MOV R4, 0000H
        MOV R5, 0000H
        MOV R6, 0000H
        MOV R7, 00H
        MOV R8, 0000H
        MOV MARK, 00H
        MOV FPWM, 01H
        MOV AAAA, 7FH
        MOV VAA, 7FH
        MOV TC, 00H
        MOV DX, 606H
        MOV AL, 90H              ;初始化 8255-B 口
        OUT DX, AL
        MOV DX, 602H
        MOV AL, 00H
        OUT DX, AL
        MOV DX, 6C6H
        MOV AL, 36H              ;8254 计数器 0 的输出 OUT0
        OUT DX, AL
        MOV DX, 6C0H
        MOV AL, 0E8H             ;定时 1ms
        OUT DX, AL
        MOV AL, 03H
        OUT DX, AL
        RET
IRQ7:   NOP                      ;7 号中断程序，计算转速
        PUSH AX
        PUSH BX
        PUSH CX
```

```
            PUSH DX
            PUSHF
            MOV AL,MARK
            CMP AL,01H
            JZ  IN1
            MOV MARK,01H
    IN2:    NOP
            MOV AL,20H              ;中断返回，关闭 IRQ7
            OUT 20H,AL
            POPF
            POP DX
            POP CX
            POP BX
            POP AX
            IRET
    IN1:    MOV MARK, 00H
            CALL VV
            MOV AL, ZV
            MOV ZVV, AL
            JMP IN2
    VV:     MOV DX, 0000H          ;计算电机转速
            MOV AX, 03E8H
            MOV CX, VADD
            CMP CX, 0000H
            JZ  MM1
            DIV CX
    MM:     MOV ZV, AL
            MOV VADD, 0000H
    MM1:    RET
    IRQ6:
            PUSH AX
            PUSH DX
            PUSHF
            INC TC
            CALL KJ
            CLC
            CMP MARK, 01H
            JC  TT1
            INC VADD
            CMP VADD, 0700H        ;转速值溢出，赋极值
            JC  TT1
```

```
            MOV VADD, 0700H
            MOV MARK, 00H
TT1:    NOP
            MOV AL, 20H                ;中断返回，关闭 IRQ6
            OUT 20H, AL
            POPF
            POP DX
            POP AX
            IRET
KJ:      NOP                               ;PWM 发生子程序
            PUSH AX
            CMP FPWM, 01H          ;FPWM 为 1，产生 PWM 的高电平
            JNZ TEST2
            CMP VAA, 00H
            JNZ ANOT0
            MOV FPWM, 02H
            MOV AL, BBB
            CLC
            RCR AL, 01H
            MOV VBB, AL
            JMP TEST2
ANOT0: DEC VAA
            MOV DX, 0602H            ;输出高电平
            MOV AL, 01H
            OUT DX, AL
TEST2: CMP FPWM, 02H          ;FPWM 为 2，产生 PWM 的低电平
            JNZ OUTT
            CMP VBB, 00H
            JNZ BNOT0
            MOV FPWM, 01H
            MOV AL, AAAA
            CLC
            RCR AL, 01H
            MOV VAA, AL
            JMP OUTT
BNOT0: DEC VBB
            MOV DX, 0602H            ;输出低电平
            MOV AL, 00H
            OUT DX, AL
OUTT:  POP AX
            RET
```

2. PID 算法子程序（根据 SPEC, KPP, KII, KDD 及 YK 计算对应控制量 CK）

```
PID:    MOV AX, SPEC          ;求偏差 EK
        SUB AX, YK
        MOV R0, AX
        MOV R1, AX            ;求偏差的变化量 AEK
        SUB AX, EK_1
        MOV R2, AX
        SUB AX, AEK_1         ;求 BEK
        MOV BEK, AX
        MOV R8, AX
        MOV AX, R1
        MOV EK_1, AX
        MOV AX, R2
        MOV AEK_1, AX
        TEST R1, 8000H
        JZ  EK1
        NEG R1
EK1:    MOV AX, R1            ;根据积分分离值，判是否积分
        SUB AX, IBAND
        JC  II
        MOV R3, 00H
        JMP DDD
II:     MOV AL, TS            ;计算积分项的值
        MOV AH, 00H
        MOV CX, R1
        MUL CX
        MOV CX, KII
        DIV CX
        MOV R3, AX
        TEST R0, 8000H
        JZ  DDD
        NEG R3
DDD:    TEST BEK, 8000H       ;计算微分项的值
        JZ  DDD1
        NEG BEK
DDD1:   MOV AX, BEK
        MOV CX, KDD
        MUL CX
        PUSH AX
        PUSH DX
```

```
            MOV AL, TS
            MOV AH, 00H              ;将微分项缩小 8 倍，防止溢出
            MOV CX, 0008H
            MUL CX
            MOV CX, AX
            POP DX
            POP AX
            DIV CX
            MOV R4, AX
            TEST R8, 8000H
            JZ  DD1
            NEG R4
DD1:        MOV AX, R3               ;积分项和微分项相加，判溢出
            ADD AX, R4
            MOV R5, AX
            JO  L9
L2:         MOV AX, R5
            ADD AX, R2
            MOV R6, AX
            JO  L3
L5:         MOV AX, R6               ;计算比例项
            MOV CX, KPP
            IMUL CX
            MOV CX, 1000H
            IDIV CX
            MOV CX, AX
            RCL AH, 01H
            PUSHF
            RCR AL, 01H
            POPF
            JC  LLL1                 ;判溢出，溢出赋极值
            CMP CH, 00H
            JZ  LLL2
            MOV AL, 7FH
            JMP LLL2
LLL1:       CMP CH, 0FFH
            JZ  LLL2
            MOV AL, 80H
LLL2:       MOV R7, AL               ;CK=CK+CK_1
            ADD AL, CK 1
```

```
            JO    L8
L18:    MOV   CK_1, AL
        ADD   AL, 80H
        MOV   CK, AL
        RET                         ;PID 子程序返回
L8:     TEST  R7, 80H               ;溢出处理程序
        JNZ   L17
        MOV   AL, 7FH
        JMP   L18
L17:    MOV   AL, 80H
        JMP   L18
L9:     TEST  R3, 8000H
        JNZ   L1
        MOV   R5, 7FFFH
        JMP   L2
L1:     MOV   R5, 8000H
        JMP   L2
L3:     TEST  R2, 8000H
        JNZ   L4
        MOV   R6, 7FFFH
        JMP   L5
L4:     MOV   R6, 8000H
        JMP   L5
CODE    ENDS
        END START
```

4.12.5　实验扩展

在本实验的基础上改变参数 IBAND、KPP、KII、KDD 的值，然后再观察直流电机的响应特性。

4.13　步进电机实验*

4.13.1　实验目的

掌握步进电机的控制方法。

4.13.2　实验内容

编写实验程序，利用 8255 的 B 口来控制步进电机的运转。

4.13.3 实验原理

使用开环控制方式能对步进电机的转动方向、速度和角度进行调节。所谓步进，就是指每给步进电机一个递进脉冲，步进电机各绕组的通电顺序就改变一次，即电机转动一次。根据步进电机控制绕组的多少可以将电机分为三相、四相和五相。

本实验系统所采用的步进电机为四相八拍电机。励磁线圈如图 4-58 所示，励磁顺序如表 4-12 所示。

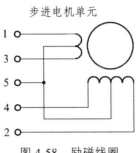

图 4-58　励磁线圈

表 4-12　励磁顺序

	步序							
	1	2	3	4	5	6	7	8
5	+	+	+	+	+	+	+	+
4	−		−					−
3			−		−			
2				−		−		
1						−	−	−

实验中 PB 端口各线的电平在各步中的情况如表 4-13 所示。

表 4-13　PB 端口各线的电平在各步中的情况

步序	PB3	PB2	PB1	PB0	对应 B 口输出值
1	0	0	0	1	01H
2	0	0	1	1	03H
3	0	0	1	0	02H
4	0	1	1	0	06H
5	0	1	0	0	04H
6	1	1	0	0	0CH
7	1	0	0	0	08H
8	1	0	0	1	09H

实验接线如图 4-59 所示。

127

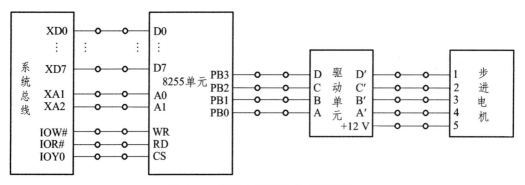

图 4-59　步进电机实验参考接线图

4.13.4　实验步骤

（1）按图 4-59 连接电路。

（2）编写实验程序（例程文件名为 A4-13.ASM），编译、链接后装入系统。

（3）运行程序，观察实验现象。

注意：步进电机不使用时请断开连接器，以免误操作使电机过热损坏。

4.13.5　实验程序

汇编语言程序示例：A4-13.ASM。

A4-13.ASM 下载

```
SSTACK SEGMENT STACK
        DW 256 DUP(?)
SSTACK ENDS
DATA    SEGMENT
TABDT   DB 01H,03H,02H,06H,04H,0CH,08H,09H
DATA    ENDS
CODE    SEGMENT
        ASSUME CS:CODE, DS:DATA
START:  MOV AX, DATA
        MOV DS, AX
MAIN:   MOV AL, 90H          ; 控制 B 口工作于方式 0，输出
        MOV DX, 0606H
        OUT DX, AL
A1:     MOV BX, OFFSET TABDT
        MOV CX, 0008H
A2:     MOV AL,[BX]
        MOV DX, 0602H        ; 写 B 口
        OUT DX, AL
        CALL DALLY           ; 控制步进电机的转速
        INC BX
        LOOP A2
```

```
        JMP A1
DALLY: PUSH CX
        MOV CX,8000H
A3:     PUSH AX
        POP AX
        LOOP A3
        POP CX
        RET
CODE    ENDS
        END START
```

4.14 温度闭环控制实验*

4.14.1 实验目的

（1）了解温度调节闭环控制方法。
（2）掌握 PID 控制规律及算法。

4.14.2 实验内容

温度闭环控制原理如图 4-60 所示。人为数字给定一个温度值，与温度测量电路得到的温度值（反馈量）进行比较，其差值经过 PID 运算，将得到控制量并产生 PWM 脉冲，通过驱动电路控制温度单元是否加热，从而构成温度闭环控制系统。

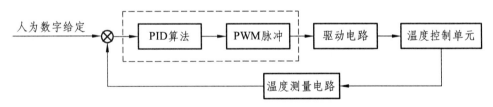

图 4-60　温度控制实验原理图

温度控制单元中由 7805 与一个 24 Ω 的电阻构成回路，回路电流较大使得 7805 芯片发热。用热敏电阻测量 7805 芯片的温度可以进行温度闭环控制实验。由于 7805 裸露在外，散热迅速。实验控制的最佳温度范围为 50 ~ 70 ℃。

4.14.3 实验原理

实验电路中采用的是 NTC MF58-103 型热敏电阻，实验电路连接如图 4-61 所示。
温度值与对应 AD 值的计算方法如下：
25 ℃：$R_t=10\times10^3$ $V_{AD}=5\times500/（10000+500）=0.238$（V）对应 AD 值：0CH
30 ℃：$R_t=5.6\times10^3$ $V_{AD}=5\times500/（5600+500）=0.410$（V）对应 AD 值：15H
40 ℃：$R_t=3.8\times10^3$ $V_{AD}=5\times500/（3800+500）=0.581$（V）对应 AD 值：1EH

50 ℃：$R_t=2.7×10^3$ $V_{AD}=5×500/（2700+500）=0.781（V）$ 对应 AD 值：28H

60 ℃：$R_t=2.1×10^3$ $V_{AD}=5×500/（2100+500）=0.962（V）$ 对应 AD 值：32H

100 ℃：$R_t=900$ $V_{AD}=5×500/（900+500）=1.786（V）$ 对应 AD 值：5AH

……

测出的 AD 值是程序中数据表的相对偏移，利用这个值就可以找到相应的温度值。例如测出的 AD 值为 5AH=90，在数据表中第 90 个数为 64H，即温度值：100 ℃。

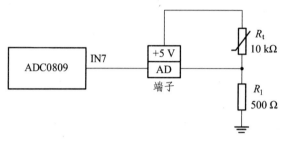

图 4-61　实验电路

4.14.4　实验步骤

（1）实验接线如图 4-62 所示，按图连接实验电路。

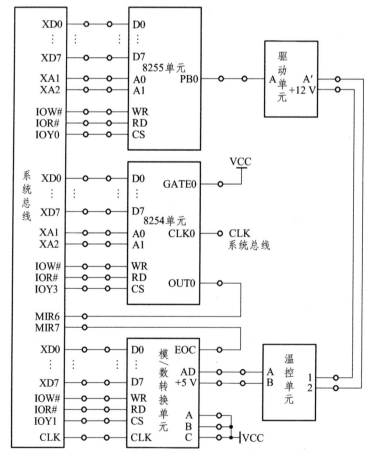

图 4-62　温度控制实验接线图

130

（2）编写实验程序（例程文件名为 A4-14.ASM），编译、链接后装入系统。实验参数取值范围如表 4-14 所示。

表 4-14　实验参数取值范围

符号	单位	取值范围	名称及作用
TS	10 ms	00H ~ FFH	采样周期：决定数据采集处理快慢程度
SPEC	°C	14H ~ 46H	给定：要求达到的温度值
IBAND		0000H ~ 007FH	积分分离值：PDI 算法中积分分离值
KPP		0000H ~ 1FFFH	比例系数：PID 算法中比例项系数值
KII		0000H ~ 1FFFH	积分系数：PID 算法中积分项系数值
KDD		0000H ~ 1FFFH	微分系数：PID 算法中微分项系数值
YK	°C	0000H ~ 0042H	反馈：通过霍尔元件反馈算出的电机转速反馈值
CK		00H ~ FFH	控制量：PID 算法产生用于控制的量
TKMARK		00H ~ 01H	采样标志位
ADMARK		00H ~ 01H	A/D 转换结束标志位
ADVALUE		00H ~ FFH	A/D 转换结果寄存单元
TC		00H ~ FFH	采样周期变量
FPWM		00H ~ FFH	PWM 脉冲中间标志位

程序下载完毕，打开专用图形界面，然后运行程序，观察响应曲线。实验结果如图 4-63 所示。

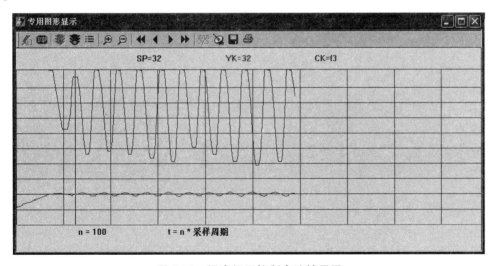

图 4-63　温度闭环控制实验结果图

注：实验中给定值、反馈值都为单极性，屏幕最底端对应值为 00H，最顶端对应值为 FFH，对于时间刻度值由于采样周期不同存在以下关系：实际时间（秒）=n（实际刻度值）×采样周期控制量具有双极性，00H ~ 7FH 为负值，80H ~ FFH 为正值。

温度闭环控制实验中，温度单元的 7805 控制范围的最佳温度范围为 50 ~ 70 °C，不要过高。即给定值 SPEC 范围约为 14H（20 °C）~ 46H（70 °C）。示例程序中 SPEC=32H 为 50 °C。

131

TS=64H，由于 8253 OUT2 接 IRQ6 中断为 10 ms，故采样周期=64H×10 ms=1 s；如实际刻度值 n=100，则实际响应时间（秒）=1×100=100 s。

4.14.5 实验程序

汇编语言程序示例：A4-14.ASM。

A4-14.ASM 下载

```
SSTACK SEGMENT STACK
       DW 256 DUP(?)
TOP    LABEL WORD
SSTACK ENDS
DATA   SEGMENT
TS     DB 64H          ;采样周期
SPEC   DW 0030H        ;温度给定值
IBAND  DW 0060H        ;积分分离值
KPP    DW 1F60H        ;比例系数
KII    DW 0010H        ;积分系数
KDD DW 0020H           ;微分系数
CH1    DB ?
CH2    DB ?
YK     DW ?
CK     DB ?
TC     DB ?
TKMARK DB ?
ADMARK DB ?
ADVALUE    DB ?
FPWM   DB ?
CK_1   DB ?
EK_1   DW ?
AEK_1  DW ?
BEK DW ?
AAAA   DB ?
VAA DB ?
BBB DB ?
VBB DB ?
R0     DW ?
R1     DW ?
R2     DW ?
R3     DW ?
R4     DW ?
R5     DW ?
R6     DW ?
```

```
R7      DB ?
R8      DW ?
;热敏电阻温度表
TAB DB 14H,14H,14H,14H,14H,14H,14H,14H,14H,14H,15H,16H,17H,18H,19H,1AH
    DB 1BH,1CH,1DH,1EH,1EH,1FH,20H,21H,23H,24H,25H,26H,27H,28H,29H,2AH
    DB 2BH,2CH,2DH,2EH,2FH,31H,32H,32H,33H,34H,35H,36H,37H,38H,39H,3AH
    DB 3BH,3CH,3DH,3EH,3FH,40H,42H,43H,44H,45H,46H,47H,48H,49H,4AH,4BH
    DB 4CH,4DH,4EH,4FH,50H,4FH,50H,51H,52H,53H,54H,55H,56H,57H,58H,59H
    DB 5AH,5BH,5CH,5DH,5EH,5FH,60H,61H,62H,63H,64H,64H,65H,65H,66H,66H
    DB 67H,68H,69H,6AH,6BH,6CH,6DH,6EH,6EH,6FH,6FH,70H,71H,72H,73H,74H
    DB 75H,76H,77H,78H,79H,7AH,7BH,7CH,7DH,7EH,7FH,80H,81H,82H,83H,84H
    DB 84H,85H,86H,87H,88H,89H,8AH,8BH,8CH,8EH,8FH,90H,91H,92H,93H,94H
    DB 95H,96H,97H,98H,99H,9AH,9BH,9BH,9CH,9CH,9DH,9DH,9EH,9EH,9FH,9FH
    DB 0A0H,0A1H,0A2H,0A3H,0A4H,0A5H,0A6H,0A7H,0A8H,0A9H,0AAH,0ABH,0ACH
    DB 0ADH,0AEH,0AFH,0B0H,0B0H,0B1H,0B2H,0B3H,0B4H,0B4H,0B5H,0B6H,0B7H
    DB 0B8H,0B9H,0BAH,0BBH,0BDH,0BEH,0BEH,0C1H,0C2H,0C3H,0C4H,0C5H,0C6H
    DB 0C8H,0CAH,0CCH,0CEH,0CFH,0D0H,0D1H,0D2H,0D4H,0D5H,0D6H,0D7H,0D8H
    DB 0D9H,0DAH,0DBH,0DCH,0DDH,0DEH,0E3H,0E6H,0E9H,0ECH,0F0H,0F2H,0F6H
    DB 0FAH,0FFH,0FFH,0FFH,0FFH,0FFH,0FFH,0FFH,0FFH,0FFH,0FFH,0FFH,0FFH
    DB 0FFH,0FFH,0FFH,0FFH,0FFH,0FFH,0FFH,0FFH,0FFH,0FFH,0FFH,0FFH,0FFH
    DB 0FFH,0FFH,0FFH,0FFH,0FFH
DATA    ENDS
CODE    SEGMENT
        ASSUME  CS:CODE,DS:DATA
START:  MOV AX, DATA
        MOV DS, AX
MAIN:   CALL INIT              ;系统初始化
        STI
M1:     CMP TKMARK, 01H        ;判采样周期到否
        JNZ M1
        MOV TKMARK, 00H
M2:     CMP ADMARK, 01H
        JNZ M2
        MOV ADMARK, 00H
   MOV AX, 0000H              ;查温度表
        MOV AL, ADVALUE
        MOV BX, OFFSET TAB
        ADD BX, AX
        MOV AL, [BX]
        MOV YK, AX
        CALL PID               ;调用 PID 计算控制量 CK
```

133

```
                MOV AL, CK                    ;根据 CK 产生 PWM 脉冲
                SUB AL, 80H
                JC  IS0
                MOV AAAA, AL
                JMP COU
        IS0:    MOV AL, 00H
                MOV AAAA, AL
        COU:    MOV AL, 7FH
                SUB AL, AAAA
                MOV BBB, AL
                MOV AX, SPEC                  ;SPEC 存入 CH1
                MOV CH1, AL
                MOV AX, YK                    ;反馈 YK 存入 CH2
                MOV CH2, AL
                CALL PUT_COM                  ;调用 PUT_COM 显示给定与反馈的波形
                JMP M1
        PUT_COM:                              ;显示子程序
                MOV DX, 03FBH
                IN  AL, DX
                AND AL, 7FH
                OUT DX, AL
                MOV DX, 03FDH
        WAIT1:  IN  AL, DX
                TEST AL, 20H
                JZ  WAIT1
                MOV DX, 03F8H
                MOV AL, CH1
                OUT DX, AL
                MOV DX, 03FDH
        WAIT2:  IN  AL, DX
                TEST AL, 20H
                JZ WAIT2
                MOV DX, 03F8H
                MOV AL, CH2
                OUT DX, AL
                RET
        INIT:   NOP                           ;写中断入口地址
                PUSH DS
                XOR AX, AX
                MOV DS, AX
                MOV AX, OFFSET IRQ6           ;8259 IRQ10 定时中断
```

```
        MOV SI, 0038H
        MOV [SI], AX
        MOV AX, CS
        MOV SI, 003AH
        MOV [SI], AX
        MOV AX, OFFSET IRQ7          ;8259 IRQ7 中断
        MOV SI, 003CH
        MOV [SI], AX
        MOV AX, CS
        MOV SI, 003EH
        MOV [SI], AX
        CLI
        POP DS
        IN  AL, 21H
        AND AL, 3FH                  ;允许 IRQ6,IRQ7
        OUT 21H, AL
        MOV CK, 00H                  ;变量初始化
        MOV YK, 0000H
        MOV CK_1, 00H
        MOV EK_1, 0000H
        MOV AEK_1, 0000H
        MOV BEK, 0000H
        MOV BBB, 00H
        MOV VBB, 00H
        MOV R0, 0000H
        MOV R1, 0000H
        MOV R2, 0000H
        MOV R3, 0000H
        MOV R4, 0000H
        MOV R5, 0000H
        MOV R6, 0000H
        MOV R7, 00H
        MOV R8, 0000H
        MOV TKMARK, 00H
        MOV FPWM, 01H
        MOV ADMARK, 00H
        MOV ADVALUE, 00H
        MOV AAAA, 7FH
        MOV VAA, 7FH
        MOV TC, 00H
        MOV DX, 606H
```

```
                MOV AL, 80H                    ;初始化 8255-B 口
                OUT DX, AL
                MOV DX, 640H                   ;启动 ADC0809
                OUT DX, AL
                MOV DX, 6C6H
                MOV AL, 36H                    ;8254 计数器 0 输出 OUT0
                OUT DX, AL
                MOV DX, 6C0H
                MOV AL, 10H                    ;定时 10ms 方波
                OUT DX, AL
                MOV AL, 27H
                OUT DX, AL
                RET
       IRQ7:    NOP
                PUSH AX
                PUSH DX
                MOV DX, 0640H
                IN AL, DX                      ;读 ADC0809 采样值
                MOV ADVALUE, AL
                MOV ADMARK, 01H
                MOV AL, 20H                    ;关闭 IRQ7
                OUT 20H, AL
                POP DX
                POP AX
                IRET
       IRQ6:    NOP
                PUSH AX
                PUSH DX
                MOV DX, 0640H
                OUT DX, AL                     ;启动 ADC0809
                MOV AL, TC
                CMP AL, TS
                JNC TT2
                INC TC
       TT1:     CALL KJ
                MOV AL, 20H                    ;关闭 IRQ6
                OUT 20H, AL
                POP DX
                POP AX
                IRET
       TT2:     MOV TKMARK, 01H
```

```
            MOV TC, 00H
            JMP TT1
KJ:         NOP                                ;PWM 子程序
            PUSH AX
            CMP FPWM, 01H
            JNZ TEST2
            CMP VAA, 00H
            JNZ ANOT0
            MOV FPWM, 02H
            MOV AL, BBB
            CLC
            RCR AL, 01H
            MOV VBB, AL
            JMP TEST2
ANOT0:      DEC VAA
            MOV DX, 0602H                      ;加温
            MOV AL, 01H
            OUT DX, AL
TEST2:      CMP FPWM, 02H
            JNZ OUTT
            CMP VBB, 00H
            JNZ BNOT0
            MOV FPWM, 01H
            MOV AL, AAAA
            CLC
            RCR AL, 01H
            MOV VAA, AL
            JMP OUTT
BNOT0:      DEC VBB
            MOV DX, 0602H                      ;停止加温
            MOV AL, 00H
            OUT DX, AL
OUTT:       POP AX
            RET
  ; PID 算法子程序，根据 SPEC, KPP, KII, KDD 及 YK 计算对应控制量 CK
PID:        MOV AX, SPEC                       ;求偏差 EK
            SUB AX, YK
            MOV R0, AX
            MOV R1, AX                         ;求偏差变化量 AEK
            SUB AX, EK_1
            MOV R2, AX                         ;求 BEK
```

137

```
          SUB AX, AEK_1
          MOV BEK, AX
          MOV R8, AX
          MOV AX, R1
          MOV EK_1, AX
          MOV AX, R2
          MOV AEK_1, AX
          TEST R1, 8000H
          JZ EK1
          NEG R1
EK1:      MOV AX, R1              ;判积分分离值
          SUB AX, IBAND
          JC II
          MOV R3, 00H
          JMP DDD
II:       MOV AL, TS             ;计算积分项
          MOV AH, 00H
          MOV CX, R1
          MUL CX
          MOV CX, KII
          DIV CX
          MOV R3, AX
          TEST R0, 8000H
          JZ DDD
          NEG R3
DDD:      TEST BEK, 8000H        ;计算微分项
          JZ DDD1
          NEG BEK
DDD1:     MOV AX, BEK
          MOV CX, KDD
          MUL CX
          PUSH AX
          PUSH DX
          MOV AL, TS
          MOV AH, 00H
          MOV CX, 0008H
          MUL CX
          MOV CX, AX
          POP DX
          POP AX
          DIV CX
```

```
              MOV R4, AX
              TEST R8, 8000H
              JZ  DD1
              NEG R4
DD1:          MOV AX, R3                    ;积分项和微分项相加，判溢出
              ADD AX, R4
              MOV R5, AX
              JO  L9
L2:           MOV AX, R5
              ADD AX, R2
              MOV R6, AX
              JO  L3
L5:           MOV AX, R6                    ;计算比例项
              MOV CX, KPP
              IMUL CX
              MOV CX, 1000H
              IDIV CX
              MOV CX, AX
              RCL AH, 01H
              PUSHF
              RCR AL, 01H
              POPF
              JC  LLL1                      ;判溢出，溢出赋极值
              CMP CH, 00H
              JZ  LLL2
              MOV AL, 7FH
              JMP LLL2
LLL1:         CMP CH, 0FFH
              JZ  LLL2
              MOV AL, 80H                   ;CK=CK_1+CK
LLL2:         MOV R7, AL
              ADD AL, CK_1
              JO  L8
L18:          MOV CK_1, AL
              ADD AL, 80H
              MOV CK, AL
              RET                           ;PID 子程序返回
L8:           TEST R7, 80H                  ;溢出处理程序
              JNZ L17
              MOV AL, 7FH
              JMP L18
```

```
L17:    MOV AL, 80H
        JMP L18
L9:     TEST R3, 8000H
        JNZ L1
        MOV R5, 7FFFH
        JMP L2
L1:     MOV R5, 8000H
        JMP L2
L3:     TEST R2, 8000H
        JNZ L4
        MOV R6, 7FFFH
        JMP L5
L4:     MOV R6, 8000H
        JMP L5
CODE    ENDS
        END START
```

4.14.6 实验扩展

改变 PID 参数 IBAND、KPP、KII、KDD，重复实验，观察实验现象，找出合适的参数并记录。

第三部分　基于 Proteus 的虚拟仿真实验

第 5 章　Proteus 仿真实验

5.1　Proteus 的使用

5.1.1　实验目的

熟练掌握 Proteus 的使用。

5.1.2　实验内容

使用 Proteus 构建工程，学会正确使用 Proteus。掌握项目的创建方法，学会原理图的绘制和代码的编写与调制。

5.1.3　实验原理

Proteus 是著名的 EDA 工具（仿真软件），从原理图布图、代码调试到单片机与外围电路协同仿真，一键切换到 PCB 设计，真正实现了从概念到产品的完整设计。Proteus 也是迄今为止唯一将电路仿真软件、PCB 设计软件和虚拟模型仿真软件三合一的设计平台，其处理器模型支持 8051、HC11、PIC10/12/16/18/24/30/DsPIC33、AVR、ARM、8086 和 MSP430 等，2010 年增加 Cortex 和 DSP 系列处理器，并持续增加其他系列处理器模型。在编译方面，它也支持 IAR、Keil 和 MATLAB 等多种编译。

1. Proteus 的特点

Proteus 支持当前的主流单片机，如 51 系列、AVR 系列、PIC12 系列、PIC16 系列、PIC18 系列、Z80 系列、HC11 系列、68000 系列等。

（1）提供软件调试功能。

（2）提供丰富的外围接口器件及其仿真，如 RAM、ROM、键盘、马达、LED、LCD、AD/DA 以及部分 SPI 器件、部分 IIC 器件。学生训练时，可以选择不同的方案。

（3）提供丰富的虚拟仪器，在仿真过程中可以利用虚拟仪器测量外围电路的特性，便于硬件调试。

（4）具有强大的原理图绘制功能。

2. Proteus 可模拟的元器件和仪器

（1）器件：仿真数字和模拟、交流和直流等数千种元器件，有 30 多个元件库。

（2）仪表：示波器、逻辑分析仪、虚拟终端、SPI 调试器、I2C 调试器、信号发生器、模式发生器、交直流电压表、交直流电流表。理论上同一种仪器可以在一个电路中随意调用。

（3）图形：可以将线路上变化的信号以图形的方式实时显示出来，其作用与示波器相似，但功能更多。这些虚拟仪器仪表具有理想的参数指标，如极高的输入阻抗、极低的输出阻抗。这些都能尽量减少仪器对测量结果的影响。

（4）调试：Protues 提供了比较丰富的测试信号用于电路的测试。这些测试信号包括模拟信号和数字信号。

3. Protues 可与 Keil C 联合仿真

Proteus 本身不带有 8086 的汇编器，因此必须使用外部的汇编器和编译器。汇编器有很多，如 TASM、MASM 等。

实验的开展采用在 Proteus 平台下的交互式仿真，可使用硬件平台与电脑软件仿真同时进行的方法，仿真实验的操作流程如图 5-1 所示。

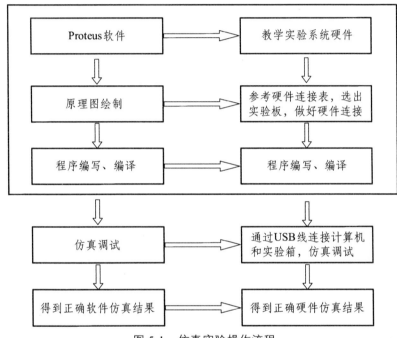

图 5-1　仿真实验操作流程

5.1.4　实验步骤

1. 创建一个工程（假设你已经安装了 Proteus8.12 软件）

启动 Proteus 软件，点击 Proteus 主页顶部的"新建工程"按钮。如图 5-2 所示。

图 5-2　打开新建工程

在"新建工程向导"的第一页指定这个工程的文件名和保存路径，如图5-3所示。

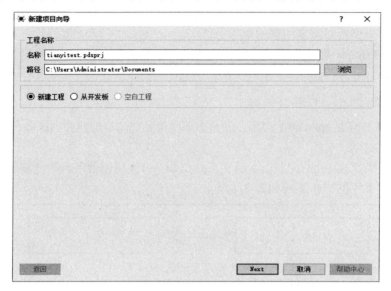

图5-3　新建项目向导

单击"next"按钮，在下一页的顶部选项卡中，勾选"从选中的模板中创建原理图"，然后选择默认模板"DEFAULT"，如图5-4所示。

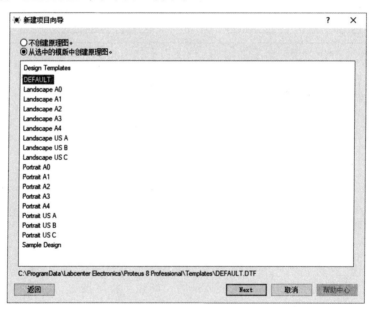

图5-4　选择默认模板

单击"next"按钮，在下一页的顶部选项卡中，勾选"不创建PCB布版设计"，如图5-5所示。

单击"next"按钮，在下一页的顶部选项卡中，勾选"创建固件项目"，并选择系列为"8086"，控制器为"8086"，编译器为"MASM32"（需要点击"编译器"下载），如图5-6所示。

单击"next"按钮，完成工程创建，如图5-7所示。

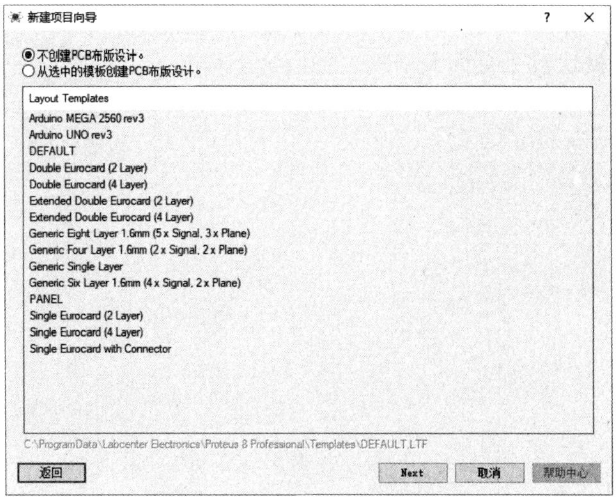

图 5-5　不创建 PCB 布版设计

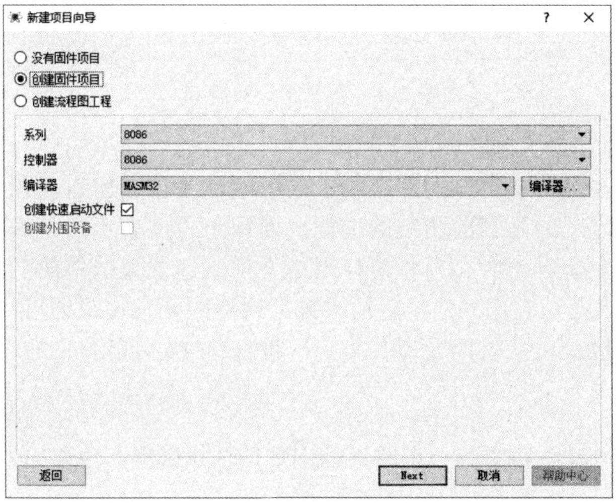

图 5-6　创建固件项目

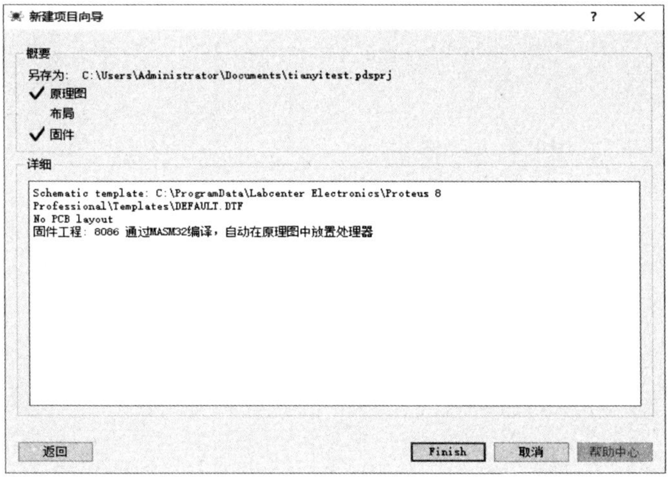

图 5-7　完成工程创建

建好项目后，软件将打开两个选项卡，一个是原理图设计，另一个是源代码。单击原理图选项卡可以将 ISIS 模块置于页面最前端，如图 5-8 所示。

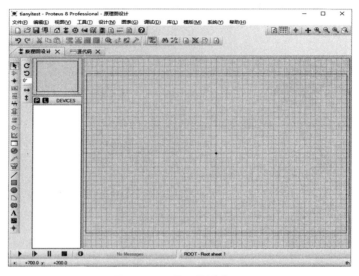

图 5-8　原理图设计窗口

图 5-8 中，屏幕显示最大的区域称为编辑窗口，它的作用类似于一个绘图窗口，为放置和连接元器件的区域。在屏幕左上方的那个较小的区域称为预览窗口。预览窗口用来预览当前的设计图，蓝色边框显示的是当前图纸的边框，而绿色边框表示的是编辑窗口的大小。当从对象选择器中选择一个新对象时，预览窗口则用于预览这个被选中的对象。如果不喜欢工具栏的默认位置，还可以移动它们，并将它们放置到软件的任意边缘即可。类似地，也可以通过拉拽对象选择器和预览窗口的右端穿过编辑窗口，将它们放置在软件的右端。

2. 原理图绘制

以直流电机控制实验电路为例。电路设计图如图 5-9 所示，主要元器件清单见表 5-1。

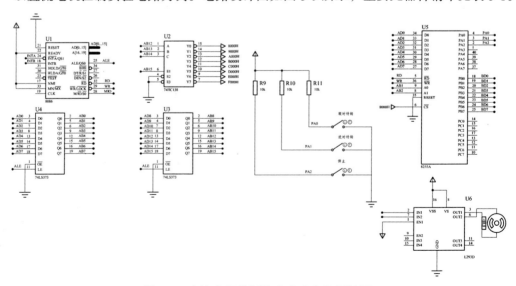

图 5-9　直流电机控制仿真实验电路设计图

表 5-1　电路元器件清单

8086	74LS373	74HC138	8255A
L293D	MOTOR-DC	SWITCH	10WATTOR1

操作步骤：

1）从库中选取元器件

如图 5-10 所示，按下对象选择器左上方的"P"按钮，也可以通过快捷键来启动元件库浏览器对话框（默认的快捷键是 P）。

图 5-10　选取元器件

在"设备选择"窗口的"关键字（d）"中输入所需要的元器件名。可以试着将"8255"输入元件库浏览器的关键字栏中，浏览器将会根据输入的关键字提供元件列表，在元件列表中的"8255"元件上双击鼠标左键将把需要的元件放到对象选择器中，如图 5-11、图 5-12 所示。

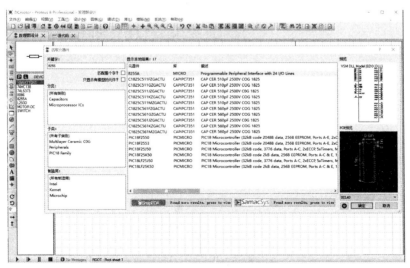

图 5-11　元件列表选择

以此类推，完成全部所需元器件的选择。

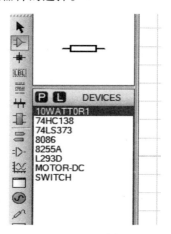

图 5-12　元件列表选择

2）电路图布局

如图 5-13 所示，从对象选取器中选中 74HC138，移动鼠标到放置位置，在编辑窗口再次点击左键，器件将放置到编辑窗口的对应位置上。显示结果如图 5-14 所示。

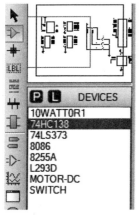

图 5-13　选取 74HC138

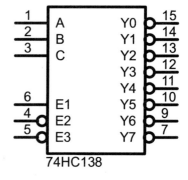

图 5-14　74HC138 元件图

在编辑窗口中单击鼠标左键进入放置模式，将出现图 5-15 所示的 74LS373 元件虚影。移动鼠标到放置位置，在编辑窗口再次点击左键，器件将放置到编辑窗口的对应位置上。

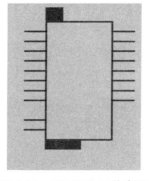

图 5-15　74LS373 元件虚影

通常我们需要在放置元件后移动某个元件或一整块电路。先选择要移动的对象（元件或电路块），在选择的对象上按住左键，移动鼠标到新的位置，然后释放鼠标左键，如此便将对象放置到新位置。在放置好存储芯片之后，下一步就是放置其他外围部件并调整好方向，如图 5-16 所示。

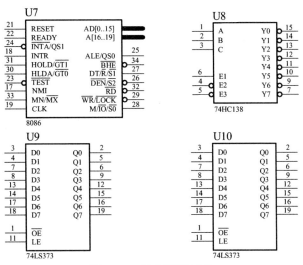

图 5-16　选择移动对象

3）电路图布线

连线过程中，光标样式会随不同动作而变化。起始点是绿色铅笔，过程是白色铅笔，结束点是绿色铅笔。在导线上进行连线的方法基本是相同的，但仍然有几个地方需要注意：不可以从导线的任意位置开始连线，而只能从芯片的管脚开始连线，连接到另一根导线。当连接到其他已存在导线时，系统会自动放置节点，然后结束连线操作。在连线过程中，如果需要连接两根导线，具体操作为：首先需要在其中一根导线上放置节点，再从这个节点上连线到另一根导线。

4）元器件标签和标号

所有的放置到原理图中的元器件都有一个唯一的参考标号和元件值。元件的参考标号是把元件放置到原理图上时系统自动分配的，如果需要，也可以手动修改。对于其他标签，如元件值标签，可以人工更改，还可以更改摆放的位置，选择显示或隐藏等。编辑、修改元器件标签和标号如图 5-17 所示。

图 5-17　编辑或修改元器件

当绘制一系列走向相同的连线时，Proteus 提供了一种非常简便的连续放置导线的方法，可以在绘制新的连线时自动重复上一次的操作，称之为"双击复制"。

5）完成原理图布线。完成元器件选择、连线的电路如图 5-18 所示。

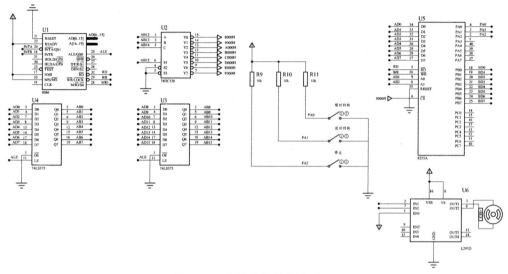

图 5-18　直流电机控制电路图

3. 在 Proteus 中进行汇编代码的调试

Proteus 8.x 版本自身支持多种语言编译，如汇编语言、C 语言等。此处以汇编语言为例。Proteus 8.x 自带源代码编辑、编译器，所以不再需要外部文本编辑器。具体操作界面如图 5-19 所示，此时，编译器、原理图、源代码均准备就绪，在指定位置进行代码编写。

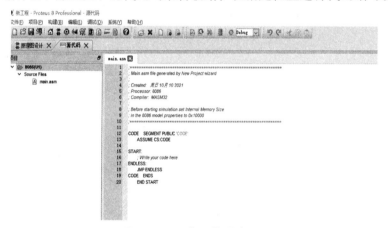

图 5-19　源代码编译窗口

编写好汇编语言代码后，点击"构建"菜单，选择的"构建工程"或者"重新构建工程"编译固件。如果代码错误，系统会自动提示哪行代码出现错误，如图 5-20 所示。

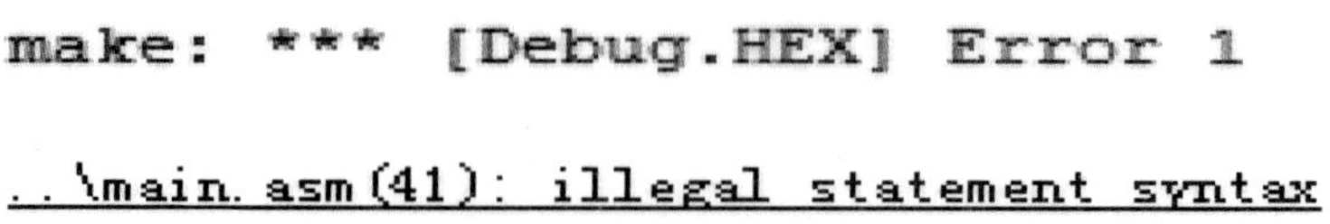

make: *** [Debug.HEX] Error 1

..\main.asm(41): illegal statement syntax

图 5-20　代码编译错误提示

150

系统在图 5-21 下方 IDE 的底部显示错误提示,即 main.asm 的汇编程序第 41 行出现错误,错误为"illegal statement syntax",鼠标直接点击这句错误提示,系统将自动跳转到出错的代码处。如果编译成功,系统不显示错误。其编译输出也显示在下方 IDE 的底部,最终编译成功后,能得到一个编译成功的信号。

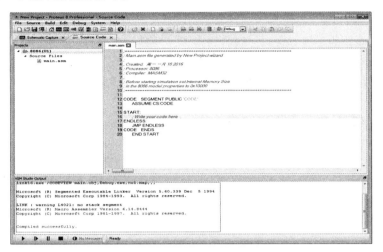

图 5-21　代码编译成功提示

提示:请确认编译器正确安装。如未安装,请点击图 5-22 所示的菜单栏"系统"下的"编译器配置",在对话框中,点击 Check All 能找到如图 5-22 所示的编译器则安装正确,点击"确定"关闭对话框。

图 5-22　编译器配置

温馨提示:Proteus 调试仿真详细操作说明请参考 Proteus 官方网站 Proteus 教程。

5.1.5　实验思考

Proteus 能否构建 C 工程?如何构建?

5.2 存储器扩展实验

5.2.1 实验目的

（1）了解存储器的扩展方法和存储器的读/写。

（2）掌握 CPU 对 16 位存储器的访问方法。

（3）掌握 Proteus 电路设计和代码设计方法。

5.2.2 实验内容

利用 Proteus 构建 8086 系统，采用 62256 存储器芯片（32K×8 位）设计一个 8086 微机系统的 RAM 扩展电路，同时要求 RAM 存储容量为 32K 字，地址从 10000H 开始。

5.2.3 实验原理

（1）确定芯片数量。（32K×16）/（32K×8）=2 片。其中一片为偶存储体，接系统数据总线 $D_0 \sim D_7$；另一片为奇存储体，接系统总数据线的 $D_8 \sim D_{15}$。其次，计算地址范围，确定片选信号/CS 的产生电路。对于地址从 10000H 开始的 32K 字的存储器，其地址范围为 10000H ~ 1FFFFH，如果表 5-2 所示。片选信号由 $A_{16} \sim A_{19}$ 产生，当其值为 0001 时，片选信号有效。

表 5-2　32K 字 RAM 地址范围

地址线	A_{19}	A_{18}	A_{17}	A_{16}	A_{15}	A_{14}	A_{13}	A_{12}	A_{11}	A_{10}	A_9	A_8	A_7	A_6	A_5	A_4	A_3	A_2	A_1	A_0
最小地址	0	0	0	1	0	0	0	0	0	0	0	0	0	0	0	0	0	0	0	0
最大地址	0	0	0	1	1	1	1	1	1	1	1	1	1	1	1	1	1	1	1	1

（2）62256 是 32K×8 的高集成度的随机存取存储器，有 28 个引脚，采用双列直插式结构，62256 的引脚分布如图 5-23 所示。62256 各管脚定义说明见表 5-3。

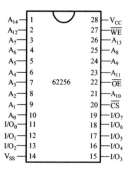

图 5-23　62256 管脚引线图

表 5-3　62256 管脚定义说明

符号	管脚名称	说明
$A_0 \sim A_{14}$	地址总线	
$I/O_0 \sim I/O_7$	数据输入/输出	
OE	输出使能	低电平有效
WE	输入使能	
CS	端口选择	低电平有效
GND	逻辑地	逻辑地
VCC	逻辑电源	电源端

5.2.4　实验步骤

1. 绘制电路图

实验参考电路如图 5-24、图 5-25 所示。

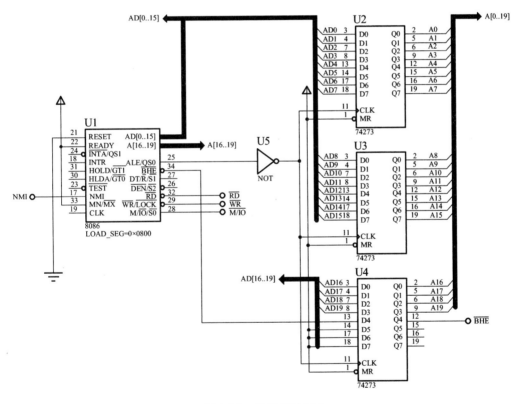

图 5-24　电路设计图 1

153

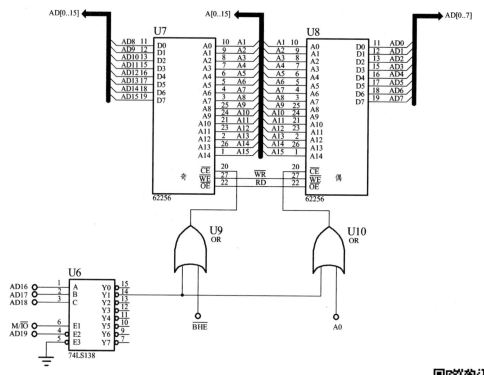

图 5-25 电路设计图 2

2. 程序编写、编译

汇编语言参考程序：A5-2.ASM。

```
CODE  SEGMENT PUBLIC 'CODE'
      ASSUME CS:CODE
START:MOV AX,1000H    ;RAM 的起始地址为 1000H
MOV DS,AX
MOV SI,0
MOV CX,10    ;向 RAM 存 100 个数
MOV DL,0     ;置初值
SIM:
MOV [SI],DL
INC DL
INC SI
LOOP SIM
ENDLESS:
      JMP ENDLESS
CODE  ENDS
      END START
```

3. 仿真调试

检查验证结果。

5.2.5　实验思考题

如何保证存储器奇偶地址同时工作？

5.3　I/O 口读写（输入输出）实验

5.3.1　实验目的

（1）了解 CPU 常用的端口连接总线的方法。
（2）掌握 74HC245、74HC373 进行数据读入与输出的方法。
（3）掌握 Proteus 电路设计和代码设计方法。

5.3.2　实验内容

利用 Proteus 构建 8086 系统，扩展一片 74HC245，用来读入开关状态；扩展一片 74HC373 用作输出口，控制 8 个 LED 灯。

5.3.3　实验原理

一般情况下，CPU 的总线会挂有很多器件，要使这些器件不造成冲突，就要使用一些总线隔离器件，例如 74HC245、74HC373。74HC245 是三态总线收发器，本实验用它做输入，片选地址为 D0000H ~ DFFFFH，用于读入开关值。74HC373 是数据锁存芯片，通过它完成数据的输出锁定。下面将分别对两款芯片做一些简要说明。

1. 74HC245

74HC245 是一种三态输出 8 组总线收发器，主要应用于大屏显示以及其他的消费类电子产品中增强驱动。其主要特点是采用了 CMOS 工艺，电压工作范围为 3 ~ 5 V，同向三态门输出，8 位双向收发器。其管脚如图 5-26 所示，管脚说明见表 5-4。

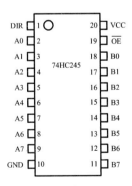

图 5-26　74HC245 管脚图

表 5-4　74HC245 管脚说明

符号	管脚名称	说明
A0 ~ A7	数据输入/输出	
B0 ~ B7	数据输入/输出	
OE	输出使能	
DIR	方向控制	DIR=1，A→B；DIR=0，B→A
GND	逻辑地	逻辑地
VCC	逻辑电源	电源端

2. 74HC373

74HC373 是 8 路 D 型锁存器，每个锁存器具有独立的 D 型输入，以及适用于面向总线的应用的三态输出。所有锁存器共用一个锁存使能（LE）端和一个输出使能（OE）端。74HC373 包含 8 个具有三态输出的 D 型透明锁存器。当 LE 为高时，数据从 Dn 输入到锁存器，在此条件下，锁存器进入透明模式，也就是说，锁存器的输出状态将会随着对应的 D 输入每次的变化而改变。当 LE 为低时，锁存器将保持 D 输入上的信息一段时间，直到 LE 的下降沿来临。当 OE 为低时，8 个锁存器的内容可被正常输出；当 OE 为高时，输出进入高阻态。OE 端的操作不会影响锁存器的状态。其管脚如图 5-27 所示，管脚说明见表 5-5。

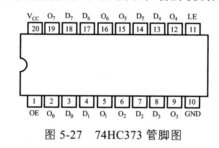

图 5-27　74HC373 管脚图

表 5-5　74HC373 管脚定义说明

符号	管脚名称	说明
D0 ~ D7	数据输入	
Q0 ~ Q7	数据输出	
OE	三态允许控制端	
LE	锁存允许端	
GND	逻辑地	逻辑地
VCC	逻辑电源	电源端

5.3.4　实验步骤

1. 绘制电路图

实验参考电路如图 5-28 所示。

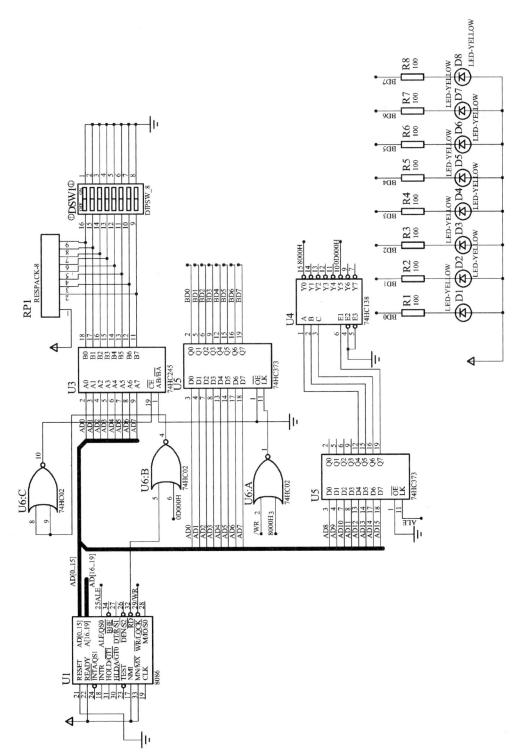

图 5-28　输入输出接口读写实验电路图

2. 程序编写、编译

汇编语言参考程序：A5-3.ASM。

A5-3.ASM 下载

```
CODE SEGMENT
ASSUME CS:CODE
IN245 EQU 0D000H
OUT373 EQU 8000H
START:
    MOV DX,IN245
    IN  AL,DX
    MOV DX,OUT373
    OUT DX,AL
    JMP START
CODE ENDS
END START
```

3. 仿真调试

检查验证结果。

5.3.5　实验思考题

在输入/输出电路中，为什么常常要使用锁存器和缓冲器？

5.4　8259 中断控制实验

5.4.1　实验目的

（1）了解 8259A 芯片的结构和编程方法。
（2）掌握 8259A 的基本用法。
（3）掌握 Proteus 电路设计和代码设计方法。

5.4.2　实验内容

利用 Proteus 构建 8086 系统，要求使用 8259A 的 IR_0 接收来自定时器的中断请求，让它每隔 1 s 产生一次中断，在中断服务程序中，利用 8255A 的端口驱动 8 个发光二极管每隔 1 s 依次发光。

5.4.3　实验原理

（1）使用 1 片 8255A 作为数据口，CPU 通过端口 A 控制发光二极管显示，且 8255A 的端口 A 工作于方式 0 的输出。利用 1 片 8253 为定时器接口，输入信号为 1 MHz，通过计数器 0 和计数器 1 级联产生 1s 定时信号作为中断请求信号，8253 的计数器 0 工作于方式 3，计数器 1 工作于方式 0，计数结束产生中断信号。8253 的计数器 1 的输出接 8259A 的 IR_0。程序可分为主程序和中断服务程序，主程序包括 8255A、8253、8259A 的初始化和中断向量表的设置。

（2）8259A 是一个可编程中断控制器，又称为优先级中断控制器，可用于 8086 微机系统，其主要功能为：① 可连接 8 个中断源，具有 8 个优先级控制；② 采用主从级联方式，最多可连接 64 个中断源，可扩至 64 个优先级控制；③ 每个中断源都可以通过程序单独屏蔽或允许；④ 在中断相应周期，可向 CPU 提供相应的中断类型号；⑤ 8259A 提供了多种工作方式，可通过编程进行选择。其管脚如图 5-29 所示，管脚说明见表 5-6。

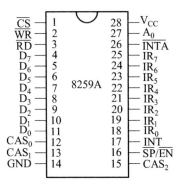

图 5-29　8259A 管脚图

表 5-6　8259A 管脚定义

符号	管脚名称	说明
$D_0 \sim D_7$	数据线	三态，双向
$IR_0 \sim IR_7$	中断请求输入信号	
RD	读信号	有 CPU 送入
WR	写入信号	有 CPU 送入
INT	中断请求信号	单片时由 8259A 输出给 CPU，级联时，主片 INT 连接 CPU 的 INTR，从片 INT 连接主片 IR_i
INTA	中断响应信号	
CS	片选信号	
A_0	端口地址选择信号	
$CAS_0 \sim CAS_2$	级联信号	
SP/EN	从片/缓冲器 允许信号	双向双功能

5.4.4　实验步骤

1. 绘制电路图

实验参考电路如图 5-30 ~ 图 5-32 所示。

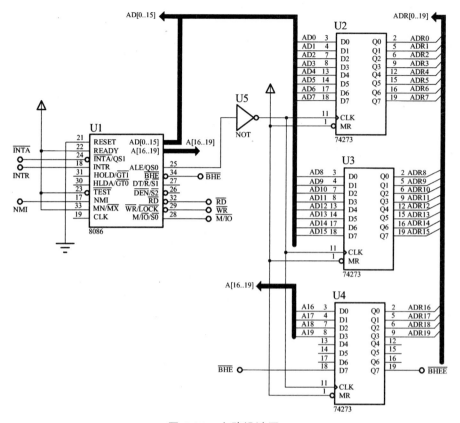

图 5-30　电路设计图 1

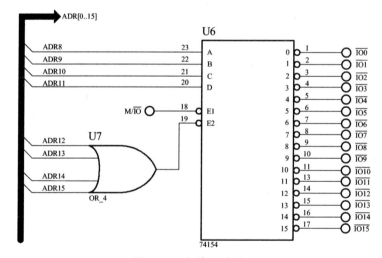

图 5-31　电路设计图 2

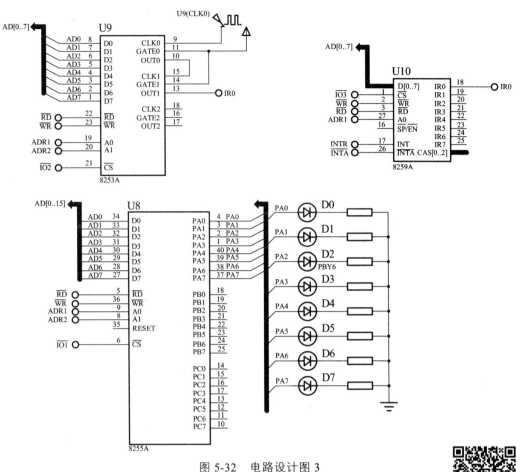

图 5-32　电路设计图 3

2. 程序编写、编译

汇编语言参考程序：A5-4.ASM。

```
CODE  SEGMENT PUBLIC 'CODE'
     ASSUME CS:CODE
START: MOV AX,SSEG
     MOV SS,AX        ;设置 SS
     MOV AX,TOP
     MOV SP,AX        ;设置 SP 初值
     CLI              ;关中断
     MOV AX,00H       ;开始中断向量设置
     MOV ES,AX
     MOV DI,4*60H     ;中断类型号为 60H
     MOV AX,OFFSET NIM_KEY
     MOV WORD PTR ES:[DI],AX
     MOV AX,SEG NIM_KEY
     MOV WORD PTR ES:[DI+2],AX
     MOV AL,00010011B    ;8259A 初始化
```

```
            MOV DX,300H        ;ICW1
            OUT DX, AL
            MOV AL,060H
            MOV DX,302H        ;ICW2
            OUT DX,AL
            MOV AL,1BH          ;ICW4
            OUT DA,AL
            MOV DX,302h
            MOV AL,00H          ;OCW1,八个中断全部开放
            STI                 ;开中断
            MOV DX,106H        ;8255A 初始化
            MOV AL,10000001B
            OUT DX,AL
            MOV BL,01H          ;BL 中存放准备点亮的发光二极管编码
            MOV AL,00110100B   ;8253 初始化
            MOV DX,206H
            OUT DX,AL
            MOV AX,10000
            MOV DX,200H
            OUT DX,AL
            MOV AL,AH
            OUT DX,AL
            MOV AL,01010110B
            MOV DX,206H
            OUT DX,AL
            MOV AL,100
            MOV DX,202H
            OUT DX,AL
            JMP $          ;等待中断
            NIM_KEY PROC NEAR   ;中断服务程序
            MOV AL,BL          ;点亮 BL 中指定的发光二极管
            MOV DX,100H
            OUT DX,AL
            ROL AL,01H          ;循环移位
            MOV BL,AL          ;准备点亮的发光二极管编码送 BL
        IRET
    NIM_KEY ENDP
    CODE    ENDS
    SSEG  SEGMENT  PARA  STACK  'STACK'   ;定义堆栈段
    SDAT  DB    50 DUP(?)
    TOP   EQU  LENGTH SDAT
```

```
SSEG  ENDS
   END START
```

3. 仿真调试

检查验证结果。

5.4.5 实验思考题

8086 系统在什么时候、什么条件下可以响应一个外部 INRT 中断请求？中断向量表位于存储器的什么位置？中断向量表里存放的内容是什么？

5.5 8255 并行接口实验

5.5.1 实验目的

（1）了解 8255 芯片结构及编程方法。
（2）掌握 8255 输入、输出实验方法。
（3）掌握 Proteus 电路设计和代码设计方法。

5.5.2 实验内容

利用 Proteus 构建 8086 系统，采用 8255 可编程并行接口芯片实现输入、输出实验，实验中用 8255 PA 口作读取开关状态输入，8255PB 口作控制发光二极管输出。

5.5.3 实验原理

（1）设 8255A 的端口 A 和端口 B 都工作在方式 0，端口 A 作为输入端口，接有 2 个开关；端口 B 作为输出端口，接有 8 个 LED。开关 1 控制闭合点亮偶数二极管，开关 2 闭合点亮奇数二极管，同时闭合则全灭。

（2）8255A 是 Intel 公司生产的可编程并行接口芯片，有 3 个 8 位并行 I/O 接口，共 24 位，端口工作方式由软件编程设定。其管脚如图 5-33 所示，各管脚说明见表 5-7。

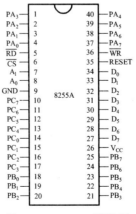

图 5-33 8255A 管脚图

163

表 5-7　8255A 管脚定义说明

符号	管脚名称	说明
$PA_0 \sim PA_7$	A 口数据信号线	三态，双向
$PB_0 \sim PB_7$	B 口数据信号线	三态，双向
$PC_0 \sim PC_7$	C 口数据信号线	三态，双向
REST	复位信号	
$D_0 \sim D_7$	数据线	和系统总线相连，用来传送数据和控制字
RD	读信号	有 CPU 送入
WR	写入信号	有 CPU 送入
A1，A0	端口选择信号	$A_1A_0=00$ 选 A 口　　$A_1A_0=01$ 选 B 口 $A_1A_0=10$ 选 C 口　　$A_1A_0=11$ 选控制口
VCC	电源	
GND	地线	

5.5.4　实验步骤

1. 绘制电路图

参考电路如图 5-34、图 5-35 所示。

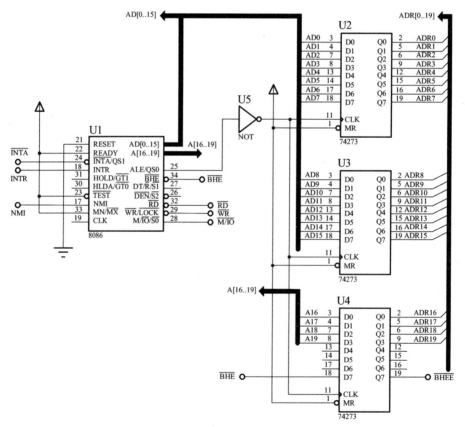

图 5-34　电路设计图 1

164

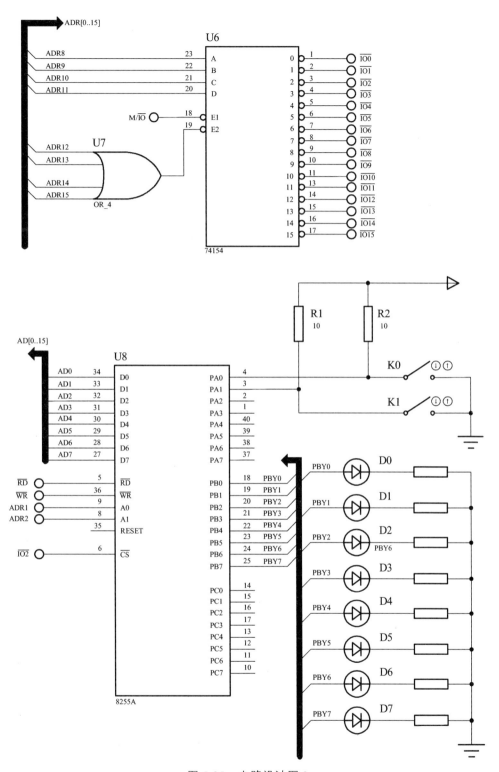

图 5-35　电路设计图 2

2. 程序编写、编译

汇编语言参考程序：A5-5.ASM。

A5-5.ASM 下载

```
CODE   SEGMENT PUBLIC 'CODE'
ASSUME CS:CODE
START:
MOV AL,10010000B   ;控制字
MOV DX,206H        ;8255A 的控制口地址
OUT DX,AL
AGAIN:
MOV DX,200H        ;8255A 的 A 口地址
IN AL,DX
TEST AL,00000011B
JZ  QUANLIANG  ;K1,K0 全闭，LED 全亮
TEST AL,00000010B
JZ  JISHU          ;K1 闭,K0 开,奇数号 LED 亮
TEST AL,00000001B
JZ  OUSHU       ;K1 开,K0 闭,偶数号 LED 亮
QUANMIE:
MOV DX,202H
MOV  AL,00000000B
OUT DX,AL    ;K1,K0 全闭，LED 全亮
JMP AGAIN
JISHU:
MOV DX,202H
MOV  AL,10101010B
OUT DX,AL
JMP AGAIN
OUSHU:
MOV DX,202H
MOV  AL,01010101B
OUT DX,AL
JMP AGAIN
QUANLIANG:
MOV DX,202H
MOV  AL,11111111B
OUT DX,AL
      JMP AGAIN
CODE    ENDS
      END START
```

3. 仿真调试

检查验证结果。

5.5.5 实验思考题

8255A 有几种工作方式？各个工作方式的特点是什么？

5.6 DMA 特性及 8237 应用实验

5.6.1 实验目的

（1）学习 8237A 可编程器件与 8088CPU 的接口方法。
（2）掌握 8237A 的编程方法。
（3）掌握 Proteus 电路设计和代码设计方法。

5.6.2 实验内容

利用 Proteus 构建 8086 系统，采用 8237 控制器完成存储器到存储器的数据传输。

5.6.3 实验原理

（1）8237A 是高性能可编程 DMA 控制器，含 4 个通道，每通道有 64K 地址和字节计数能力。有 4 种传送方式：单字节传送、数据块传送、请求传送、级联传送。每个通道的 DMA 请求可被允许或禁止。4 个通道的 DAM 请求有不同优先级，优先级可以是固定的，也可以是循环的。任一通道完成数据传送后，会产生过程结束信号 EOP（End of Process），结束 DMA 传送；还可从外界输入 EOP 信号，中止正执行的 DMA 传送。

开始 DMA 传送前，8237A 是系统总线的从属设备，由 CPU 对它进行编程，如指定通道、传送方式和类型、内存单元起始地址、地址是递增还是递减，以及要传送的总字节数，等等。CPU 也可读取 DMAC 的状态。当 8237A 取得总线控制权后，它就完全控制了系统，使 I/O 设备和存储器之间或者存储器与存储器之间进行直接的数据传送。其管脚如图 5-36 所示，管脚说明见表 5-8。

（2）实验提示，首先将存储器 8000H～80FFH 初始化；然后设置 8237 可编程 DMA 控制器，其中，设定源地址为 8000H，目标地址为 8800H，块长度为 100H；最后启动 8237DMA，8237DMA 工作后，8286 暂停工作，总线由 8237DMA 控制，在 DMA 传输完 100H 个单元后，8237 将控制权还给 8286，CPU 执行 RET 指令。在 8086/8088 的系统中，如果没有 8286，那么存储器或者外设接口就直接挂在 CPU 总线上，这个时候从电路结构上看，存储器或者接口就相当于 CPU 的负载，而 8086CPU 带负载能力较弱，所以要在 CPU 和存储器或外设接口之间加上 8286 这样的总线收发器（或者叫总线驱动器，总线缓冲器等），以提高 CPU 带负载能力。

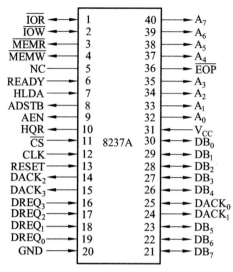

图 5-36　8237A 管脚图

表 5-8　8237A 管脚定义说明

符号	管脚名称	说明
CLK	时钟信号	输入
/CS	片选信号	输入
READY	准备就绪信号	输入
$A_0 \sim A_3$	低 4 位地址线	从态为输入，寻址 8237A 内部寄存器； 主态为输出，方为内存低 4 位地址
$A_4 \sim A_7$	地址线	
$DB_0 \sim DB_7$	数据线	主态时，输出高 8 位地址。
AEN	地址允许信号	输出
ADSTB	地址选通信号	
/IOR	I/O 读信号	
/IOW	I/O 写信号	
/MEMR	存储器读	
/MEMW	存储器写	
$DREQ_0 \sim DREQ_3$	DMA 请求信号	通道 0～通道 3
HRQ	保持请求信号	
HLDA	保持相应信号	
$DACK_0 \sim DACK_3$	DMA 响应信号	通道 0～通道 3
/EOP	传输过程 结束信号	双向
V_{CC}	电源	
GND	地线	

5.6.4　实验步骤

1. 绘制电路图

参考电路如图 5-37 所示。

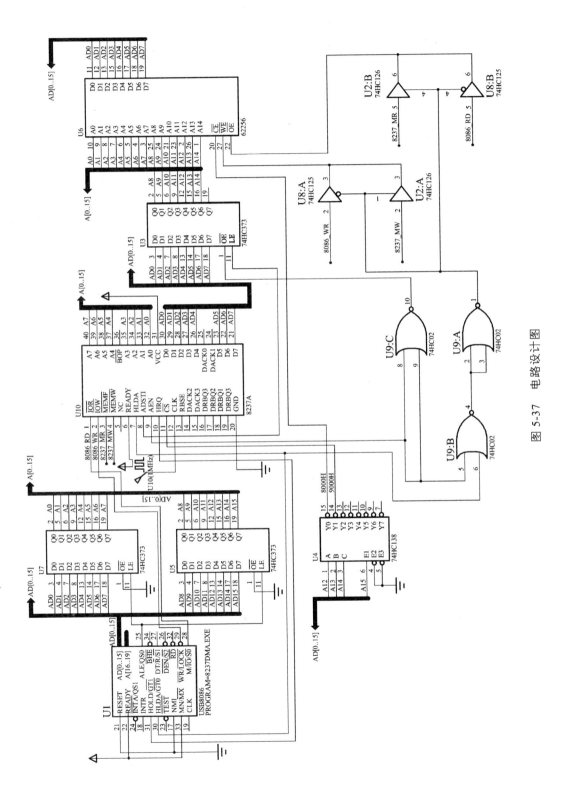

图 5-37 电路设计图

2. 程序编写、编译

汇编语言参考程序：A5-6.ASM。

```
BLOCKFROM EQU 08000H ;块开始地址
BLOCKTO   EQU 08800H ;块结束地址
BLOCKSIZE EQU 100H ;块大小
LATCHB EQU 9000H  ;LATCH B
CLEAR_F EQU 900CH  ;F/L触发器
CHO_A   EQU 9000H ;通道0地址
CH0_C   EQU 9001H ;通道0计数
CH1_A   EQU 9002H ;通道1地址
CH1_C   EQU 9003H ;通道1计数
MODE    EQU 900BH ;模式，写工作方式
CMMD    EQU 9008H  ;写命令
STATUS EQU 9008H   ;读状态
MASKS  EQU 900FH   ;屏蔽四个通道
REQ    EQU 900FH   ;请求
CODE    SEGMENT
     ASSUME CS:CODE, DS:DATA, SS:STACK
START:
  MOV AX, DATA
      MOV DS,AX
      MOV AX,STACK
      MOV  SS,AX
      MOV  AX,TOP
      MOV  SP,AX
      CALL FILLRAM
      CALL TRANRAM
      JMP  $   ;打开数据窗口，检查传输结果
FILLRAM:
      MOV BX,BLOCKFROM
      MOV AX,10H
      MOV CX,BLOCKSIZE
FILLLOOP:
      MOV [BX],AL
       INC AL
      INC BX
      LOOP FILLLOOP
      RET
```

```
TRANRAM:
    MOV SI,BLOCKFROM
    MOV DI,BLOCKTO
    MOV CX,BLOCKSIZE
    MOV AL,0
    MOV DX,LATCHB
    OUT DX,AL
    MOV DX,CLEAR_F
    OUT DX,AL
    MOV AX,SI
    MOV DX,CH0_A
    OUT DX,AL
    MOV AL,AH
    OUT DX,AL
    MOV AX,DI
    MOV DX,CH1_A
    OUT DX,AL
    MOV AL,AH
    OUT DX,AL
    MOV AX,CX
    DEC AX
    MOV DX,CH0_C
    OUT DX,AL
    MOC AL,AH
    OUT DX,AL
    MOV AL,88H        ;编程 DMA 模式
    MOV DX, MODE
    OUT DX,AL
    MOV AL,85H
OUT DX,AL
MOV AL,1   ;块传输
MOV DX,CMMD
OUT DX,AL
MOV AL,0EH   ;通道 0
MOV DX,MASKS
OUT DX,AL
MOV AL,4
MOV DX,REQ
OUT DX,AL
RET
```

```
DELAY:
PUSH AX
PUSH CX
MOV  AX,100
DELAYLOOP:
MOV CX,100
LOOP $
DEC AX
JNZ DELAYLOOP
POP CX
POP AX
RET
CODE ENDS
DATA SEGEMENT
DAM EQU 00H
DATA ENDS
STACK SEGMENT 'STACK'
STA  DB 100 DUP(?)
TOP EQU LENGTH STA
STACK ENDS
END START
```

3. 仿真调试

检查验证结果。

5.6.5　实验思考题

试比较查询方式、中断方式、DMA 方式的优缺点。

5.7　8253 定时/计数器应用实验

5.7.1　实验目的

（1）学习 8253A 可编程定时/计数器与 8088CPU 的接口方法。

（2）了解 8253A 的工作方式。

（3）掌握 8253A 在各种方式下的编程方法。

（4）掌握 Proteus 电路设计和代码设计方法。

5.7.2　实验内容

利用 Proteus 构建 8086 系统，外接 8253 可编程定时/计数器产生方波，并在虚拟示波器上观察输出波形的特征。

5.7.3　实验原理

（1）8253 是一片具有 3 个独立的 16 位计数器通道的可编程定时器/计数器芯片。每个通道都可以编程设定为 6 种工作方式中的一种；由于 8253 的读/写操作对系统时钟没有特殊要求，因此它几乎可以应用于由任何一种微处理器组成的系统中，可作为可编程的方波频率发生器、分频器、实时时钟、事件计数器和单脉冲发生器等。其管脚引线及定义说明如图 5-38 和表 5-9所示。

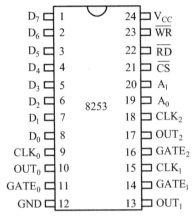

图 5-38

表 5-9　8255A 管脚定义说明

符号	管脚名称	说明
$D_0 \sim D_7$	数据线	三态
/CS	片选信号	输入
RD	读信号	
WR	写信号	
A_1，A_0	端口选择信号	$A_1A_0=00$ 计数器 0； $A_1A_0=01$ 计数器 1； $A_1A_0=10$ 计数器 2； $A_1A_0=11$ 控制字寄存器
CLK0 ~ CLK2	时钟脉冲信号	分别对应计数器 0 ~ 计数器 2 的时钟输入端
GATE0 ~ GATE2	门控脉冲信号	分别对应计数器 0 ~ 计数器 2 的门控脉冲输入端
OUT0 ~ OUT2	输出信号	分别对应计数器 0 ~ 计数器 2 的输出端
V_{CC}	电源	
GND	地线	

（2）实验提示：使用 8253 计数器 0 产生频率为 50 kHz 的方波，已知时钟端 CLK0 输入信号的频率为 1 MHz。

5.7.4　实验步骤

1. 绘制电路图

参考电路如图 5-39 所示。

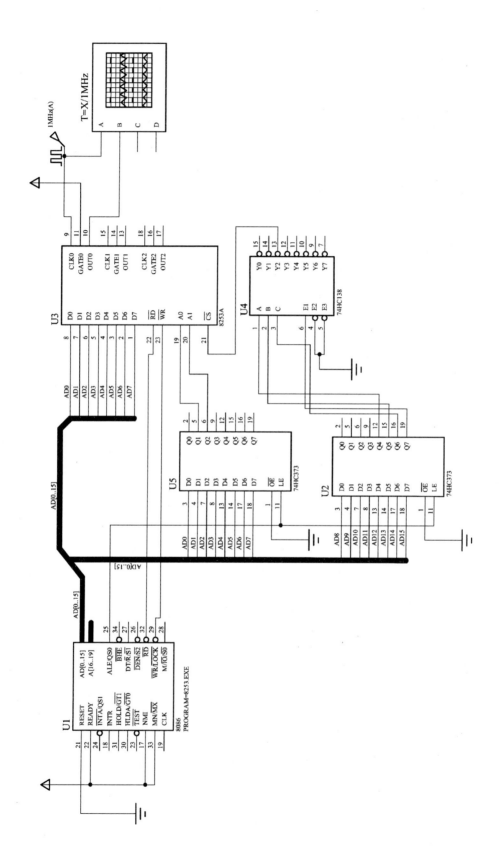

图 5-39 电路设计图

2. 程序编写、编译

汇编语言参考程序：A5-7ASM。

A5-7.ASM 下载

```
CODE  SEGMENT  ; H8253.ASM
    ASSUME CS: CODE
START:
    JMP  TCONT
    TCONTRO EQU 0A06H
    TCON0  EQU 0A00H
    TCON1  EQU 0A02H
    TCON2  EQU 0A04H
TCONT:
    MOV  DX, TCONTRO
    MOV  AL, 16H   ; 计数器 0, 只写计算值低 8 位，方式 3，二进制计数
    OUT  DX, AL
    MOV  DX, TCON0
    MOV  AX, 20
    OUT  DX, AL
    JMP  $
CODE   ENDS
END   START
```

3. 仿真调试

检查验证结果。

5.7.5　实验思考题

可编程计数/定时器芯片 8253 有几个通道？各采用几种操作方式？简述这些操作方式的主要特点。

5.8　8251 串行接口应用实验*

5.8.1　实验目的

（1）了解 8251 芯片结构及编程方法。
（2）掌握有关串行通信的知识和 PC 机串口操作的方法。
（3）掌握 Proteus 电路设计和代码设计方法。

5.8.2　实验内容

利用 Proteus 构建 8086 系统，控制 8251A 可编程串行通信控制器，实现向 PC 机发送字符串 "Hello ShangLuo University!"。其中，8253 和 8251 的振荡源均使用 Proteus 提供的 DCLOCK

实现，使用 Proteus 自带的示波器观察输出波形的特征，使用 Proteus 自带的"VIRTUAL TERMINAL"查看通信结果。

5.8.3 实验原理

（1）8251 具有同步/异步的接受/发送功能。它能将并行输入的 8 位数据变换成逐位输出的串行信号；也能将串行输入数据变换成并行数据，一次传送给处理机。8251 广泛应用于长距离通信系统及计算机网络，其管脚结构及定义说明如图 5-40 和表 5-10 所示。

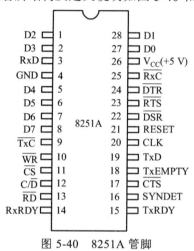

图 5-40　8251A 管脚

表 5-10　8251A 管脚定义说明

符号	管脚名称	说明	符号	管脚名称	说明
TxD	发送数据线	输出	CTS	允许传送	输入
TxC	发送器时钟	输入	C/D	控制/数据选择线	
TxRDY	发送器准备好	输出	REST	复位信号	
TxEMPTY	发送器空	输出	$D_0 \sim D_7$	双向数据线	三态
RxD	接收数据线	输入	RD	读信号	
RxRDY	接收器准备好	输出	WR	写入信号	
RxC	接收时钟	输入	CS	片选信号	
SYNDET	同步检测/间断检测		CLK	工作时钟	由外部时钟源提供
DTR	数据终端准备好	输出	V_{CC}	电源	
DSR	数据通信设备准备好	输入	GND	地线	
RTS	请求发送	输出			

（2）实验提示：8251 状态口地址：F002H；8251 数据口地址：F000H。8253 命令口地址：0A006H；8253 计数器 0 口地址：0A000H。通信约定：异步方式，字符 8 位，一个起始位，一个停止位,波特率因子为1,波特率为 19 200。计算 T/RXC,收发时钟fc,fc=$1 \times 19\ 200$=19.2 K。8253 分频系数：计数时间=$1\ \mu s \times 50$=50 μs 输出频率 20 kHz，当分频系数为 52 时，约为 19.2 kHz。

5.8.4 实验步骤

1. 绘制电路图

参考电路如图 5-41 所示。

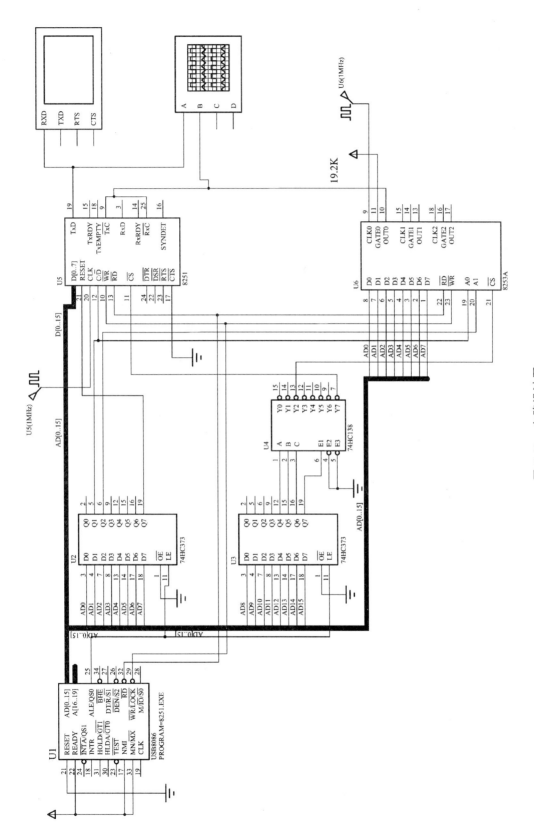

图 5-41 电路设计图

2. 程序编写、编译

汇编语言参考程序：A5-8.ASM。

```
CS8251R EQU 0F080H
CS8251D EQU 0F000H
CS8251C EQU 0F002H
TCONTRO EQU 0A00FH
TCON0 EQU 0A000H
CONDE SEGMENT
ASSUME DS:DATA, CS:CODE
START:
MOV AX,DATA
MOV DS:AX
MOV DX,TCONTRO;  8253 初始化
MOV AL,16H    ;计数器 0，只写计算值低 8 位，方式 3，二进制计数
OUT DX,AL
MOV DX,TCON0
MOV AX,52   ;时钟 1MHz，计数时间=1μs*50=50μs 输出频率 20kHz
OUT DX,AL
NOP
NOP
NOP
;8251 初始化
   MOV DX,CS8251R
   IN  AL,DX
   NOP
   MOV DX,CS8251R
   IN AL,DX
   NOP
   MOV DX,CS8251C
   MOV AL,01001101b  ; 1 位停止位，无校验，8 位数据位，x1
   OUT DX,AL
   MOV  AL,00010101b  ;清出错标志，允许发送接收
   OUT  DX,AL
START4:
   MOV CX,19
   LEA DI,STR1
SEND:
   MOV  DX,CS8251C
```

```
        MOV  AL,00010101b  ;清出错，允许发送接收
        OUT DX,AL
WAITTXD:
    NOP
    NOP
    IN AL,DX
    TEST AL,1      ;发送缓冲是否为空
    JZ  WAITTXD
MOV AL,[DI]    ;取消要发送的字
MOV DX,CS8251D
OUT DX,AL
PUSH CX
MOV  DX,8FH
LOOP $
POP CX
INC DI
LOOP SEND
JMP START4
RECEIVE:
MOV DX,CS8251C
WAITRXD:
IN AL,DX
TEST AL,2  ;是否已收到一个字
JE  WAITRXD
MOV DX,CS8251D
IN  AL,DX
MOV BH,AL
JMP START
CODE ENDS
DATA SEGMENT
STR1 db 'Hello ShangLuo University'
DATA ENDS
END START
```

3. 仿真调试

检查验证结果。

5.8.5 实验思考题

试说明 8251A 的工作方式控制字、操作命令控制字和状态控制字各位的含义及它们之间的关系。在对 8251A 进行初始化编程时，应按什么顺序向它的控制口写入控制字？

5.9 A/D 模数转换

5.9.1 实验目的

（1）了解 A/D 转换的基本原理。
（2）了解 A/D 转换芯片 ADC0809 的性能及编程方法。
（3）掌握 Proteus 电路设计和代码设计方法。

5.9.2 实验内容

利用 Proteus 构建 8086 系统，采用延时方式或查询方式读入 A/D 转换结果，也可以采用中断方式读入结果。在中断方式下，A/D 转换结束后会自动产生 EOC 信号，将其与 CPU 的外部中断相接。调整电位计，得到不同的电压值，转换后的数据通过发光二极管输出。

5.9.3 实验原理

ADC0809 包括一个 8 位的逐次逼近型的 ADC，并提供一个 8 通道的模拟多路开关和联合寻址逻辑。它可以直接输入 8 个单端的模拟信号，分时进行 A/D 转换，在多点巡回检测、过程控制等应用领域中使用非常广泛。ADC0809 的主要技术指标为：

- 分辨率：8 位；
- 单电源：+5 V；
- 总的不可调误差：±1 LSB；
- 转换时间：取决于时钟频率；
- 模拟输入范围：单极性 0 ~ 5 V；
- 时钟频率范围：10 ~ 1280 kHz。

ADC0809 的外部管脚如图 5-42 所示，地址信号与选中通道的关系如表 5-11 所示。

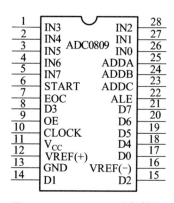

图 5-42　ADC0809 外部管脚

表 5-11　ADC0809 地址信号与选中通道的关系

地址			选中通道
A	B	C	
0	0	0	IN0
0	0	1	IN1
0	1	0	IN2
0	1	1	IN3
1	0	0	IN4
1	0	1	IN5
1	1	0	IN6
1	1	1	IN7

5.9.4　实验步骤

1. 绘制电路图

实验电路如图 5-43 所示。

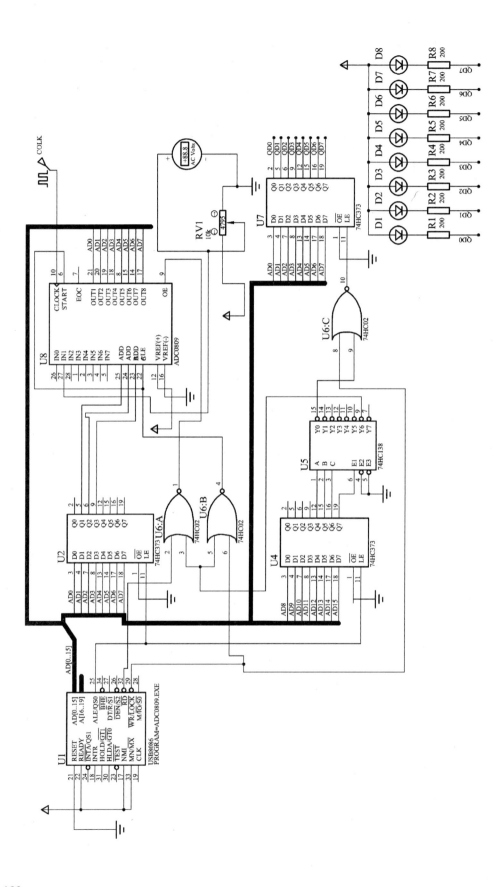

图 5-43　ADC0809 实验电路设计图

2. 程序编写、编译

汇编语言参考程序：A5-9.ASM。

A5-9.ASM 下载

```
CODE SEGMENT
        ASSUME CS: CODE
        IOCON EQU 0B000H
START:
        MOV AL, 00H
        MOV DX, IOCON
OUTUP:   OUT DX, AL
        INC AL
        CMP AL, 0FFH
        JE OUTDOWN
        JMP OUTUP
OUTDOWN:
        DEC AL
        OUT DX, AL
        CMP AL, 00H
        JE OUTUP
        MP OUTDOWN
        CODE ENDS
        END START
```

3. 仿真调试

检查验证结果。

5.9.5　实验思考题

A/D 转化器的量化间隔是怎样定义的？量化间隔和量化误差有什么关系？

5.10　D/A 数模转换实验

5.10.1　实验目的

（1）了解 D/A 转换的基本原理。

（2）了解 D/A 转换芯片 DAC0832 的性能及编程方法。

（3）掌握 Proteus 电路设计和代码设计方法。

5.10.2 实验内容

利用 Proteus 构建 8086 系统，实现数模转换，并产生锯齿波、三角波、正弦波，并用示波器和电压表观察输出电压特性。

5.10.3 实验原理

D/A 转换器是一种将数字量转换成模拟量的器件，其特点是：接收、保持和转换的数字信息不存在随温度、时间漂移的问题，其电路抗干扰性较好。大多数的 D/A 转换器接口设计主要围绕 D/A 集成芯片的使用及配置响应的外围电路。DAC0832 是 8 位芯片，采用 CMOS 工艺和 R-2RT 型电阻解码网络，转换结果为一对差动电流 I_{out1} 和 I_{out2} 输出，引脚如图 5-44 所示，其主要性能参数如表 5-12 所示。

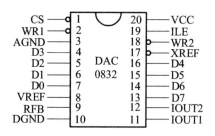

图 5-44　DAC0832 外部管脚

表 5-12　DAC0832 主要性能参数

性能参数	参数值
分辨率	8 位
单电源	5~15 V
参考电压	−10 V～+10 V
转换时间	1 Us
满刻度误差	±1 LSB
数据输入电平	与 TTL 电平兼容

5.10.4 实验步骤

1. 绘制电路图

实验电路如图 5-45 所示。

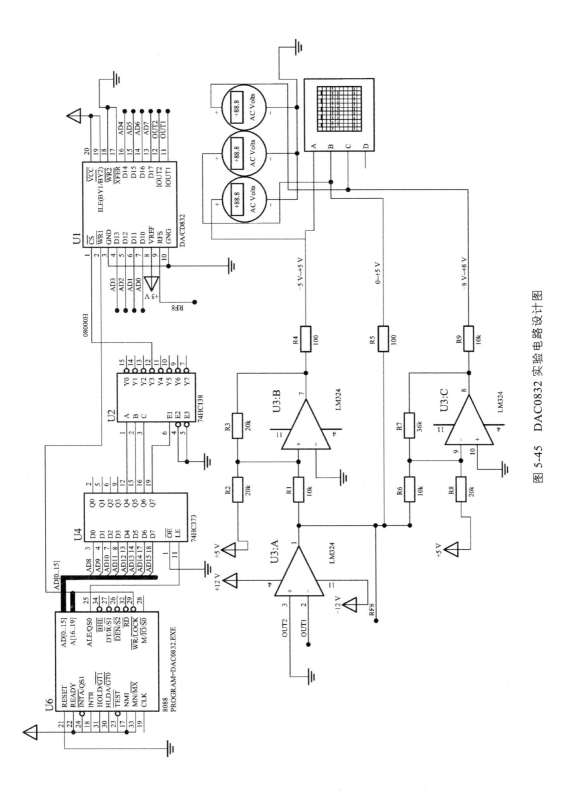

图 5-45 DAC0832 实验电路设计图

185

2. 程序编写、编译

汇编语言参考程序：A5-10.ASM。

```
CODE SEGMENT
        ASSUME CS: CODE
        IOCON EQU 0B000H
START:
        MOV AL, 00H
        MOV DX, IOCON
OUTUP:   OUT DX, AL
        INC AL
        CMP AL, 0FFH
        JE OUTDOWN
        JMP OUTUP
OUTDOWN:
        DEC AL
        OUT DX, AL
        CMP AL, 00H
        JE OUTUP
        MP OUTDOWN
        CODE ENDS
        END START
```

3. 仿真调试

检查验证结果。

5.10.5　实验思考题

D/A 转换器有哪些技术指标？有哪些因素对这些技术指标产生影响？

5.11　键盘扫描及显示设计实验

5.11.1　实验目的

（1）学习按键扫描的原理及电路接法。
（2）掌握利用 8255 完成按键扫描及显示是方法。
（3）掌握 Proteus 电路设计和代码设计方法。

5.11.2　实验内容

利用 Proteus 构建 8086 系统，采用 4×4 的 16 位键盘和一个 7 段 LED 构成简单的输入显示系统，实现键盘输入和 LED 数码管显示。

5.11.3　实验原理

矩阵键盘又称为行列式键盘，它采用 4 条 I/O 线作为行线、4 条 I/O 线作为列线组成的键盘。在行线和列线的每一个交叉点上，设置一个按键。这样键盘中按键的个数为 4×4 个。

矩阵键盘本质：矩阵键盘本质是使用 8 个 I/O 口来进行 16 个按键的控制读取，可以减小 I/O 口的使用，用 4 条 I/O 线作为行线、4 条 I/O 线作为列线组成的键盘。在行线和列线的每个交叉点上，设置一个按键。而这样的按键中按键的个数为 4×4 个。

这样的行列式键盘结构能够有效地提高单片机系统中 I/O 口的利用率，节约单片机的资源，其本质和独立按键类似，就是进行逐行扫描和逐列扫描，然后判断是第几行的第几列的按键，进而进行整体按键值的确定，我们使用的矩阵键盘连接到单片机的 P1 口，通过读取 P1 口电平变换即可完成矩阵键盘的数值读取，具体原理如图 5-46 所示。

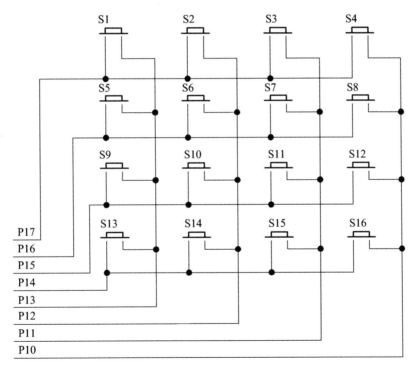

图 5-46　矩阵按键模块图

矩阵键盘扫描的方式有两种。

1. 行列扫描

先从 P1 口的高 4 位（4 个行）输出高电平，低 4 位（4 个列）输出低电平，假设有按键按下，从 P1 口的高 4 位读取键盘状态。判断高 4 位的 4 行是哪一行变成了低电平，就知道是第几行，再从 P1 口的低 4 位（4 个列）输出高电平，高 4 位（4 个行）输出低电平，从 P1 口的低 4 位读取键盘状态。判断低 4 位的 4 列哪一列变成了低电平，就知道是第几列。将两次读取结果组合起来就可以得到当前按键的特征编码。

2. 逐行/逐列扫描

逐行、逐列扫描的本质和行列扫描比较类似，是让某一行/某一列变为低电平，其余 7 个全部为高电平，这时候读取电平变换，有电平变低表示按键按下，即可读取按键数据。例如逐行扫描：置第 1 行为低电平，其余 N-1 行和 N 列为高电平，读取列线数据，列线有低电平表示此行有按键按下，比如按下的是 1 行 3 列（1×3），那么第 3 列的列线 I/O 口就为低电平。置第 2 行为低电平，其余 N-1 行和 N 列为高电平，读取列线数据，列线有低电平表示此行有按键按下。依此类推，进行逐行扫描。根据行线列线的电平不同，可以识别是否有按键按下，哪一个按键按下，获取按键号。根据按键号跳转至对应的按键处理程序。

5.11.4　实验步骤

1. 绘制电路图

参考电路如图 5-47 所示。

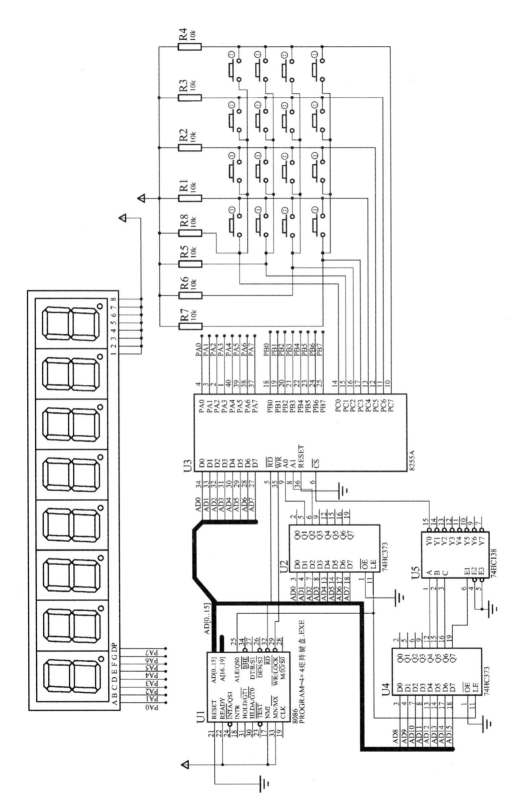

图 5-47 键盘扫描及显示实验电路设计图

汇编语言参考程序：A5-11.ASM。

```
  CODE    SEGMENT 'CODE'
          ASSUME CS: CODE, DS:DATA
          IOCON  EQU 8006H
          IOA  EQU 8000H
          IOB  EQU 8002H
          IOC  EQU  8004H
START:  MOV AX, DATA
          MOV DS, AX
          LEA DI, TABLE
          MOV AL, 88H
          MOV DX, IOCON
          OUT DX, AL
  KEY4X4:
      MOV BX, 0
      MOV DX, IOC
      MOV AL, 0EH
      OUT DX, AL
      IN  AL, DX
      MOV DX, IOC
      IN  AL, DX
      MOV DX, IOC
      IN  AL, DX
      OR  AL, 0FH
      CMP AL, 0FFH   ; 0EFH, 0DFH, 0BFH, 7FH
      JNE  K_N_1    ;不等于转移
      INC BX
      MOV DX, IOC
MOV AL, 0DH
      OUT DX, AL
      IN  AL, DX
      MOV DX, IOC
      IN  AL, DX
      MOV DX, IOC
      IN  AL, DX
      OR  AL, 0FH
      CMP AL, 0FFH      ;  0EFH, 0DFH, 0BFH, 7FH
```

```
        JNE  K_N_1      ; 不等于转移
        INC  BX
        MOV DX, IOC
        MOV AL, 0BH
        OUT DX, AL
        IN  AL, DX
        MOV DX, IOC
        IN  AL, DX
        MOV DX, IOC
        IN  AL, DX
        OR  AL, 0FH
        CMP AL, 0FFH    ; 0EFH, 0DFH, 0BFH, 7FH
        JNE  K_N_1      ; 不等于转移
        INC BX
        MOV DX, IOC
        MOV AL, 07H
        OUT DX, AL
        IN  AL, DX
        MOV DX, IOC
        IN  AL, DX
        MOV DX, IOC
        IN  AL, DX
        OR  AL, 0FH
        CMP AL, 0FFH ; 0EFH, 0DFH, 0BFH, 7FH
        JNE  K_N_1   ;不等于转移
        JMP  KEY4×4
K_N_1:  CMP AL, 0EFH
        JNE K_N_2
        MOV AL, 0
        JMP K_N
K_N_2:  CMP AL, 0DFH
        JNE K_N_3
        MOV AL, 1
        JMP K_N
K_N_3:  CMP AL, 0BFH
        JNE K_N_4
        MOV AL, 2
        JMP K_N
 K_N_4: CMP AL, 7FH
        JNE K_N
        MOV AL, 3
```

```
K_N:   MOV CL, 2
       SHL BL, CL      ; BH X 2
       ADD AL, BL
       MOV BL, 0
       MOV BL, AL
       MOV AL, [DI+BX]
       MOV DX, IOA
       OUT DX, AL
       JMP KEY4×4
   CODE ENDS
DATA    SEGMENT  'DATA'
TABLE DB 0C0H, 0F9H, 0A4H, 0B0H, 99H, 92H, 82H, 0F8H, 80H, 90H, 88H,
83H, 0C6H, 0A1H, 86H, 8EH
DATA    ENDS
END START
```

3. 仿真调试

检查验证结果。

5.11.5　实验思考题

行扫描法和线反转法的原理是什么?

5.12　七段数码管显示实验

5.12.1　实验目的

进一步熟悉8255,掌握数码管显示数字的原理。

5.12.2　实验内容

掌握 Proteus 电路设计和代码设计方法。利用 Proteus 构建 8086 系统,采用 8255 的 I/O 控制 8 位七段数码管显示,实现循环显示 0~9 这 10 个数字。

5.12.3　实验原理

通常用七段笔画可以组成 0~9 变化的任意一个数字。常用的 LED 数码管就是由七段发光二极管组成一维数码,通过控制发光二极管的亮暗来显示从 0 到 9 变化的数字。七段数码管分为共阳极及共阴极,共阳极的七段数码管的正极(或阳极)为 8 个发光二极管的共有正极,其他接点为独立发光二极管的负极(或阴极),使用者只需把正极接电源,不同的负极接地就能控制七段数码管显示不同的数字。共阴极的七段数码管与共阳极的只是接驳方法相反而已。七段数码管共有两种驱动方式：

（1）静态驱动也称直流驱动。静态驱动是指每个数码管的每一个段码都由一个单片机的I/O 端口进行驱动，或者使用如 BCD 码二-十进制译码器译码进行驱动。静态驱动的优点是编程简单，显示亮度高，缺点是占用 I/O 端口多，如驱动 5 个数码管静态显示则需要 5×8=40个 I/O 端口来驱动。实际应用时必须增加译码驱动器进行驱动，增加了硬件电路的复杂性。

（2）数码管动态显示接口是单片机中应用最为广泛的一种显示方式之一，动态驱动是将所有数码管的 8 个显示笔划"a，b，c，d，e，f，g，dp"的同名端连在一起，另外为每个数码管的公共极 COM 增加位选通控制电路，位选通由各自独立的 I/O 线控制，当单片机输出字形码时，所有数码管都接收到相同的字形码，但究竟是哪个数码管会显示出字形，取决于单片机对位选通 COM 端电路的控制，所以我们只要将需要显示的数码管的选通控制打开，该位就能显示出字形，没有选通的数码管就不会亮。通过分时轮流控制各个数码管的 COM 端，可使各个数码管轮流受控显示，这就是动态驱动。在轮流显示过程中，每位数码管的点亮时间为 1 ~ 2 ms，由于人的视觉暂留现象及发光二极管的余辉效应，尽管实际上各位数码管并非同时点亮，但只要扫描的速度足够快，给人的感觉就是一组稳定的显示数据，不会有闪烁感。动态显示的效果和静态显示是一样的，能够节省大量的 I/O 端口，而且功耗更低。其引脚如图5-48 所示。

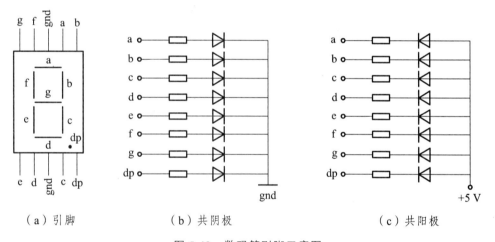

（a）引脚　　　　　　　　（b）共阴极　　　　　　　　（c）共阳极

图 5-48　数码管引脚示意图

5.12.4　实验步骤

1. 绘制电路图

参考电路如图 5-49 所示。

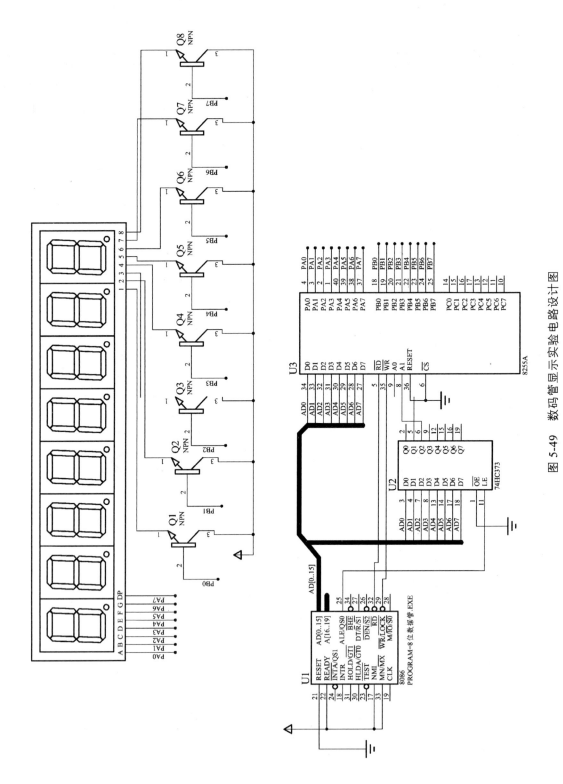

图 5-49　数码管显示实验电路设计图

2. 程序编写、编译

汇编语言参考程序：A5-12.ASM。

A5-12.ASM 下载

```
CODE   SEGMENT 'CODE'
       ASSUME CS: CODE, SS: STACK, DS:DATA
       IOCON EQU 8006H
       IOA EQU 8000H
       IOB  EQU 8002H
       IOC EQU 8004H
START:
       MOV AX, DATA
       MOV DS, AX
       MOV AX, STACK
       MOV SS, AX
       MOV AX, TOP
       MOV SP, AX
TEST_BU:
MOV AL, 80H
       MOV DX, IOCON
       OUT DX, AL
       NOP
       LEA DI, TABLE
MOV CX,0AH
MOV DX,IOB
MOV AL,0FFH
OUT DX,AL
MOV DX,IOA
DISPLAY1:
       MOV AL, [DI]
       OUT DX,AL
       CALL DELAY
       INC  DI
       LOOP DISPLA1
       LEA DI, TABLE
       MOV CX,08H
       MOV BH,80H
DISLPAY2:
       MOV DX,IOB
       MOV AL,BH
```

195

```
                OUT DX,AL
                MOV DX,IOA
                MOV AL, [DI]
                OUT DAX,AL
                CALL DELAY
                INC DI
                MOV BH,AL
                SHR AL,1
                MOV BH,AL
                LOOP DISPLA2
                LEA DI,TABLE
                MOV CX,08H
                MOV BH,80H
        DISPLAY3:
                MOV DX,IOB
                MOV AL,BH
                OUT DX,AL
                MOV DX,IOA
                MOV AL,[DI]
                OUT DX,AL
                CALL DELAY
                INC DI
                MOV AL,BH
                SAR AL,1
                MOV BH,AL
                LOOP DISPLA3
                JMP  TEST_BU
        DELAY: PUSH CX
                MOV CX,3FFH
        DELAY1:
                NOP
                NOP
                NOP
                NOP
                LOOP DELAY1
                POP CX
                RET
        CODE ENDS
        STACK  SEGMENT 'STACK'
        STA    DB  100 DUP(?)
        TOP    EQU  LENGTH STA
```

```
STACK  ENDS
DATA  SEGMENT 'DATA'
TABLE  DB 0C0H,0F9H,0A4H,0B0H,99H,92H,82H,0F8H,80H,90H
DATA  ENDS
END START
```

3. 仿真调试

检查验证结果。

5.12.5　实验思考题

数码管的静态和动态显示原理分别是什么?

5.13　点阵 LED 显示设计实验*

5.13.1　实验目的

（1）了解 LED 点阵的基本结构。
（2）学习 LED 点阵扫描显示程序的设计方法。
（3）掌握 Proteus 电路设计和代码设计方法。

5.13.2　实验内容

利用 Proteus 构建 8086 系统，采用 74HC574、74HC373、74HC138、16×16 LED 屏实现汉字的显示。

5.13.3　实验原理

16×16 点阵共需要 256 个发光二极管，且每个发光二极管是放置在行线和列线的交叉点上，当对应的某一列置 1 电平，某一行置 0 电平，则相应的二极管点亮。要实现显示图形或字体，只需考虑其显示方式，通过编程控制各显示点对应 LED 阳极和阴极端的电平，就可以有效地控制各显示点的亮灭。

5.13.4　实验步骤

1. 绘制电路图

参考电路如图 5-50 所示。

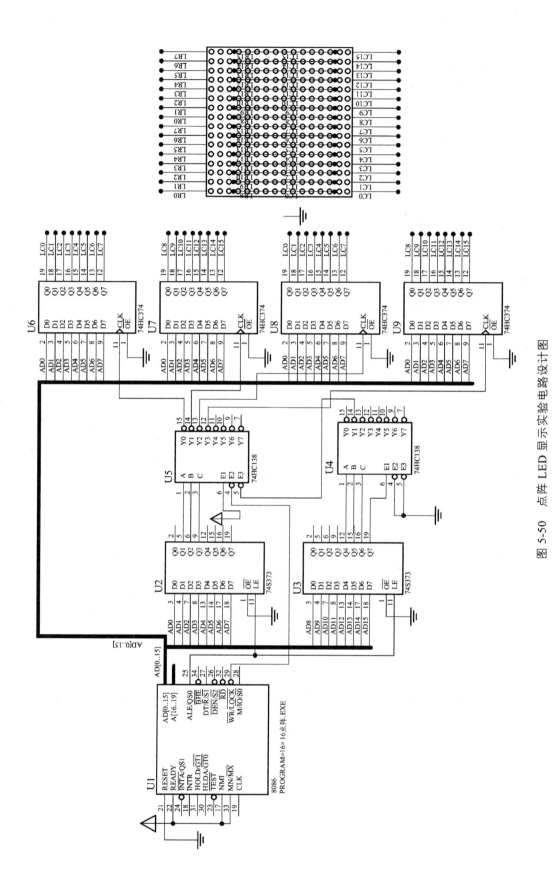

图 5-50　点阵 LED 显示实验电路设计图

198

2. 程序编写、编译

LED16×16 的片选信号接主板 CS3，其他数据信号、地址信号、写信号接主板的相应信号。

汇编语言参考程序：A5-13.ASM。

5-13.ASM 下载

```
            RowLow   EQU   9004H   ;低八位地址
            RowHigh  EQU   9006H   ;行高八位地址
            ColLow   EQU   9000H   ;列低八位地址
            ColHigh   EQU   9002H   ;列高八位地址
            CODE     SEGMENT
            ASSUME CS: CODE, DS: DATA, SS:STACK
START:  MOV  AX, DATA
            MOV  DS, AX
            MOV AX, STACK
            MOV SS, AX
            MOV AX, TOP
            MOV SP, AX
            MOV SI, oFFset Font
main:
            MOV   AL, 0
            MOV   DX, RowLow
            OUT   DX, AL
            MOV   DX, RowHigh
            OUT   DX, AL
            MOV   AL, 0FFh
            MOV   DX, ColLow
            OUT   DX, AL
            MOV   DX, ColHigh
            OUT   DX, AL
n123:  MOV CharIndex, 0
nextchar:
        MOV   DelayCNT, 10
LOOP1:  MOV   BitMask, 1
            MOV   ColCNT, 16
            MOV   BX, CharIndex
            MOV   AX, 32
            mul   BX
            MOV   BX, AX
nextrow: MOV   AL, 0FFH
```

```
            MOV     DX, RowLow
            OUT     DX, AL
            MOV     DX, RowHigh
            OUT     DX, AL
            MOV     AX, [SI+BX]
            MOV     DX, ColLow
            OUT     DX, AL
            MOV     DX, ColHigh
    MOV     AL, ah
            OUT     DX, AL
            INC     BX
            INC     BX
            MOV     AX, BitMask
            MOV     DX, RowLow
            NOT     AL
            OUT     DX, AL
            MOV     DX, RowHigh
            MOV     AL, ah
            NOT     AL
            OUT     DX, AL
            MOV     AX, BitMask
            ROL     AX, 1
            MOV     BitMask, AX
            NOP
    DEC     ColCNT
            JNZ     nextrow
            DEC     DelayCNT
            JNZ     LOOP1
            INC     CharIndex          ;指向下个汉字
            MOV     AX, CharIndex
            CMP     AX, 10
            JNZ     nextchar
            JMP     n123
delay : PUSH    CX
            MOV     CX, 1
delay1: LOOP    delay1
            POP     CX
            RET
            CODE    ENDS
```

```
      DATA SEGMENT
Font:
; 微
DB 48h, 08h, 48h, 08h, 54h, 09h, 52h, 25h
DB 51h, 7Dh, 0F8h, 23h, 04h, 24h, 0FEh, 15h
DB 05h, 14h, 0F4h, 14h, 94h, 08h, 94h, 0Ah
DB 94h, 15h, 94h, 14h, 0Ch, 62h, 04h, 21h
; 机
DB 08h, 00h, 08h, 08h, 88h, 1Fh, 88h, 08h
DB 0BFh, 08h, 88h, 08h, 8Ch, 08h, 9Ch, 08h
DB 0AAh, 08h, 8Ah, 08h, 89h, 08h, 88h, 08h
DB 88h, 48h, 48h, 48h, 28h, 70h, 18h, 00h
; 原
DB 00h, 10h, 0FCh, 3Fh, 84h, 00h, 84h, 00h
DB 44h, 10h, 0F4h, 3Fh, 14h, 10h, 0F4h, 1Fh
DB 14h, 10h, 0F4h, 1Fh, 04h, 01h, 24h, 09h
DB 22h, 11h, 12h, 21h, 49h, 21h, 80h, 00h
; 理
DB 00h, 10h, 0C8h, 3Fh, 5Fh, 12h, 44h, 12h
DB 0C4h, 1Fh, 44h, 12h, 5Fh, 12h, 0C4h, 1Fh
DB 04h, 02h, 04h, 0Ah, 0C4h, 1Fh, 3Ch, 02h
DB 07h, 02h, 02h, 22h, 0F0h, 7Fh, 00h, 00h
; 与
DB 08h, 00h, 08h, 00h, 08h, 10h, 0F8h, 3Fh
DB 08h, 00h, 08h, 00h, 08h, 10h, 0F8h, 3Fh
DB 00h, 10h, 00h, 10h, 00h, 12h, 0FFh, 17h
DB 00h, 10h, 00h, 10h, 00h, 0Ah, 00h, 04h
; 接
DB 08h, 01h, 08h, 12h, 0E8h, 3Fh, 08h, 00h
DB 0BFh, 08h, 08h, 05h, 0E8h, 3Fh, 18h, 01h
DB 0Ch, 21h, 0FBh, 7Fh, 08h, 09h, 88h, 08h
DB 08h, 05h, 08h, 06h, 0Ah, 19h, 0C4h, 10h
; 口
DB 00h, 00h, 00h, 10h, 0FCh, 3Fh, 04h, 10h
DB 04h, 10h, 04h, 10h, 04h, 10h, 04h, 10h
DB 04h, 10h, 04h, 10h, 04h, 10h, 04h, 10h
DB 0FCh, 1Fh, 04h, 10h, 00h, 00h, 00h, 00h
; 技
DB 08h, 02h, 08h, 02h, 08h, 12h, 0C8h, 3Fh
```

```
DB 3Fh, 02h, 08h, 02h, 08h, 02h, 0C8h, 1Fh
DB 58h, 10h, 8Ch, 08h, 8Bh, 08h, 08h, 05h
DB 08h, 02h, 08h, 0Dh, 8Ah, 70h, 64h, 20h
DB 80h, 00h, 80h, 02h, 80h, 0Ch, 80h, 08h
DB 80h, 20h, 0FFh, 7Fh, 80h, 00h, 0C0h, 01h
DB 0A0h, 02h, 90h, 04h, 88h, 08h, 84h, 70h
DB 83h, 20h, 80h, 00h, 80h, 00h, 80h, 00h
; !
DB 00h, 00h, 80h, 01h, 0C0h, 03h, 0C0h, 03h
DB 0C0h, 03h, 0C0h, 03h, 0C0h, 03h, 80h, 01h
DB 80h, 01h, 80h, 01h, 00h, 00h, 80h, 01h
DB 0C0h, 03h, 80h, 01h, 00h, 00h, 00h, 00h
BitMask     DW    1
CharIndex   DW    1
DelayCNT    DW    1
ColCNT      DW    1
DATA    ENDS
STACK   SEGMENT
STA     DB  100 DUP(?)
TOP     EQU LENGTH STA
STACK   ENDS
END START
```

3. 仿真调试

检查验证结果。

5.13.5　实验思考题

如何修改参考程序显示英文字符？

5.14　图形 LCD 显示设计实验*

5.14.1　实验目的

（1）学习液晶显示的编程方法，了解液晶显示模块的工作原理。

（2）掌握点阵式 LCD 的工作原理、使用方法以及显示的编程方法。

（3）掌握 Proteus 电路设计和代码设计方法。

5.14.2　实验内容

使用 Proteus 设计电路设计和代码在 LCD 显示器上输出"WELCOME TO SHANGLUO UNIVERSITY!"

5.14.3　实验原理

1. 液晶显示器 LCD 的工作原理

在结构上，LCD 屏幕是用两块间距为 5 ~ 7 μm，厚度各为 1 mm 的玻璃板之间充满液晶材料，并在这两片玻璃板上设置两个透明电极构成的，屏幕最前面是彩色滤光膜，屏幕的后面是背光源。LCD 中的背光源在反射板和光导板的作用下，变成平面光，射向液晶板，形成面光源。

液晶屏幕上的各单元（像素）采用行列式结构，在没有电信号时，像素排成整齐的矩阵，使背光源发出的光畅通无阻地穿过。在液晶两边的电极加上信号电压后，液晶板就处于电场中，液晶单元在电场作用下状态不再整齐，从而引起各个像素点的透光率发生改变，引起光线灰度有深浅变化。

每个像素点有对应的行位和列位，处于行列交叉点的一个液晶单元的扭曲状态决定于行位上的电极和列位上的电极之间的电压。组成 LCD 屏幕时，将同一行上的行位连在一起，称为行电极，而将同一列上的列位连在一起，称为列电极。显示过程中，依次往每个行电极加选通信号，而往每个列电极加要显示的信号，显示信号的强弱决定了相应像素点液晶的扭曲状态，从而对光的穿透率产生控制作用。扭曲范围越大，对比度越高。这样，通过控制电极信号的电压就可以控制像素点的亮度，从而使屏幕产生不同亮度层次的图像。但如果没有彩色滤光膜，那么，这种图像只能是黑白的。

要使 LCD 显示彩色影像，必须加上彩色滤光膜。彩色滤光膜中有一个具有滤光功能的彩色层，让需要的光透过去，而把不需要的光阻挡住。和液晶板相对应，滤光膜中的彩色层也分成许多像素单元。实际上，彩色层中的每个像素和液晶板上的每个像素都由红、绿、蓝三个子像素构成，两者的子像素也一一对应。背光源发出的白光透过液晶板以后，成为不同灰度层次的白色光线，照射到滤光膜上的红、绿、蓝三个子像素最后混合成彩色。

2. 液晶显示器的工作过程

（1）背光源发出平行且均匀的光线。

（2）RGB 图像信号对液晶板的薄膜晶体管进行控制，使液晶板像素中三个子像素的透光率按信号发生变化，从而使穿过子像素的光线在灰度上按信号被调节。

（3）光线穿过液晶板后到达彩色滤光膜时，仍然是白光，但到达像素点时，红色子像素的白光强度正比于所需红光的强度，同样，到达绿色子像素和蓝色子像素的白光强度正比于所需要的绿光和蓝光强度。

（4）在彩色滤光膜中，红色子像素点只让红光通过，其他颜色被阻挡，这样，把需要的红光从白光中提取出来。同样，滤光膜的绿色子像素和蓝色子像素提取了所需要的绿光和蓝光。穿过滤光膜以后的三色光是和最初的图像信号相对应的，它们最后合成了彩色的像素点。

5.14.4 实验步骤

1. 绘制电路图

参考电路如图 5-51、图 5-52 所示。

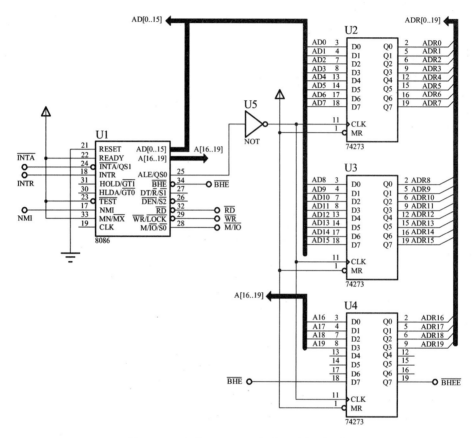

图 5-51　图形 LCD 显示实验电路设计图 1

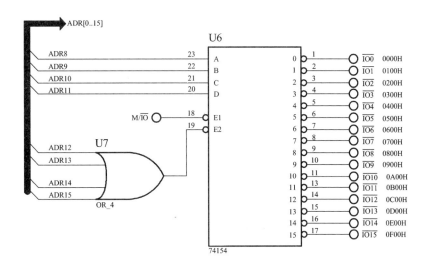

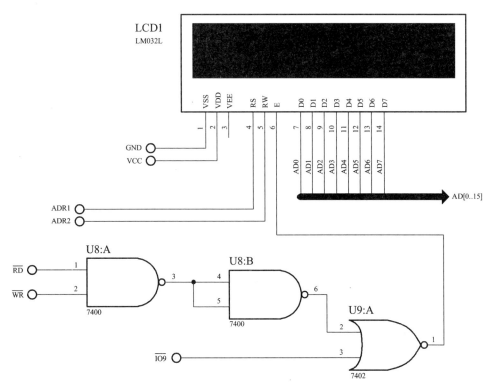

图 5-52　图形 LCD 显示实验电路设计图 2

2. 程序编写、编译

汇编语言参考程序：A5-14.ASM。

A5-14.ASM 下载

```
CODE SEGMENT
ASSUME CS:CODE,DS:DATA,SS:STACK
LCD_CMD_WR  EQU  0900H
LCD_DATA_WR  EQU  0902H
LCD_STAT_RD  EQU  0904H
LCD_DATA_RD  EQU  0906H
START:
MOV AX,DATA
MOV DS,AX
MOV AX,STACK
MOV SS,AX
MOV AX,TOP
MOV SP,AX
MOV AX,38H   ;设置液晶工作模式，意思：20*2 行显示，5*7 点阵，8 位数据
CALL WRCMD
MOV  AX,0CH   ;开显示不显示光标
CALL WRCMD
MOV  AX,01H   ;清显示
CALL  WRCMD
MOV  AX,06H   ;整屏不移动，光标自动右移
CALL  WRCMD

DISP:
MOV AX,80H
MOV CX,20
LEA  DI,line1
CALL WRDATA
MOV AX,0C0H
MOV  CX,20
LEA  DI,line2
CALL WRDATA
;JMP $
MOV CX,100
D0:
CALL  DELAY
LOOP D0
MOV  AX,01H
```

```
CALL  WRCMD
JMP  DISP

WRCMD  PROC  ;参数 ax，方式控制字
MOV  DX,LCD_CMD_WR
OUT  DX,AX
CALL DELAY
RET
WRCMD  ENDP
WRDATA  PROC  ;参数 ax-行地址，cx-字符数，di-字符首地址
CALL  WRCMD  ;确定行地址：首行 80h，次行 0C0h
MOV  DX,LCD_DATA_WR
WCH: MOV  AL,[DI]
OUT  DX,AL
CALL DELAY
INC  DI
LOOP  WCH
RET
WRDATA  ENDP
DELAY  PROC
PUSH CX
MOV CX,500
LOOP  $
POP  CX
RET
DELAY  ENDP
CODE  ENDS
STACK  SEGMENT  STACK
SOFSS   DB  100H DUP(?)
TOP  EQU  LENGTHSOFSS
STACK  ENDS
DATA  SEGMENT
line1  DB ' WELOCOME TO '
line2  DB 'SHANGLUO UNIVERSITY!'
DATA  ENDS
END  START
```

3. 仿真调试

检查验证结果。

5.14.5 实验思考题

修改参考程序，显示中文字符"欢迎来到商洛学院！"。

5.15 步进电机控制实验*

5.15.1 实验目的

（1）掌握步进电机的工作原理和控制方法。
（2）掌握 Proteus 电路设计和代码设计方法。

5.15.2 实验内容

利用 Proteus 仿真步进电机正反转控制系统，实现电机正反转控制，实现电机转速的多级档位控制。

5.15.3 实验原理

步进电机是工业过程控制及仪表中常用的控制元件之一，例如，在机械装置中可以用丝杠把角度变为直线位移，也可以用步进电机带螺旋电位器，调节电压或电流，从而实现对执行机构的控制。步进电机可以直接接收数字信号，不必进行数模转换，用起来非常方便。步进电机还具有快速启停、精确步进和定位等特点，因而在数控机床、绘图仪、打印机以及光学仪器中得到广泛的应用。

步进电机实际上是一个数字/角度转换器，三相步进电机的结构原理如下。电机的定子上有六个等分磁极：A、A′、B、B′、C、C′，相邻的两个磁极之间夹角为 60°，相对的两个磁极组成一相（A-A′、B-B′、C-C′），当某一绕组有电流通过时，该绕组相应的两个磁极形成 N 极和 S 极，每个磁极上各有 5 个均匀分布的矩形小齿，电机的转子上有 40 个矩形小齿均匀地分布的圆周上，相邻两个齿之间夹角为 9°。

当某一相绕组通电时，对应的磁极就产生磁场，并与转子形成磁路，如果这时定子的小齿和转子的小齿没有对齐，则在磁场的作用下，转子将转动一定的角度，使转子和定子的齿相互对齐。由此可见，错齿是促使步进电机旋转的原因。

例如，在三相三拍控制方式中，若 A 相通电，B、C 相都不通电，在磁场作用下使转子齿和 A 相的定子齿对齐，以此作为初始状态。设与 A 相磁极中心线对齐的转子的齿为 0 号齿，由于 B 相磁极与 A 相磁极相差 120°，不是 9°的整数倍（120÷9=40/3），所以此时转子齿没有与 B 相定子的齿对应，只是第 13 号小齿靠近 B 相磁极的中心线，与中心线相差 3°，如果此时突然变为 B 相通电，A、C 相不通电，则 B 相磁极迫使 13 号转子齿与之对齐，转子就转动 3°，这样使电机转了一步。如果按照 A→B→C 的顺序轮流通电一周，则转子将转动 9°。

步进电机的运转是由脉冲信号控制的，传统方法是采用数字逻辑电路——环形脉冲分配器控制步进电机的步进。图 5-53 为环形脉搏冲分配器的简化框图。

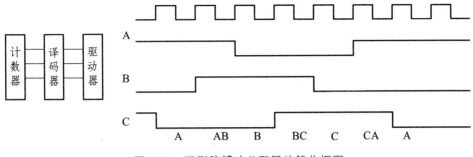

图 5-53　环形脉搏冲分配器的简化框图

（1）运转方向控制。步进电机以三相六拍方式工作，若按 A→AB→B→BC→ C→CA→A 次序通电为正转，则按 A→AC→C→CB→B→BA→A 次序通电为反转。

（2）运转速度的控制。当改变 CP 脉冲的周期时，ABC 三相绕组高低电平的宽度将发生变化，这就导致通电和断电时速率发生了变化，使电机转速改变，所以调节 CP 脉冲的周期就可以控制步进电机的运转速度。

（3）旋转的角度控制。因为每输入一个 CP 脉冲使步进电机三相绕组状态变化一次，并相应地旋转一个角度，所以步进电机旋转的角度由输入的 CP 脉冲数确定。

单片机实验仪选用的是 20BY-0 型 4 相步进电机，其工作电压为 4.5 V，在双四拍运行方式时，其步距角为 18°，相直流电阻为 55 Ω，最大静电流为 80 MA。采用 8031 单片机控制步进电机的运转，按四相四拍方式在 P1 口输出控制代码，令其正转或反转。因此 P1 口输出代码的变化周期 T 控制了电机的运转速度：

$$n=60/TN$$

式中　n ——步进电机的转速（r/min）；

　　　N ——步进电机旋转一周需输出的字节数；

　　　T ——代码字节的输出变化周期。

设 $N=360°/18°=20$，$T=1.43$ ms，则步进电机的转速为 2100 r/min。

控制 P1 口输出的代码字节个数即控制了步进电机的旋转角度。

5.15.4　实验步骤

1. 绘制电路图

参考电路如图 5-54 ~ 图 5-56 所示。

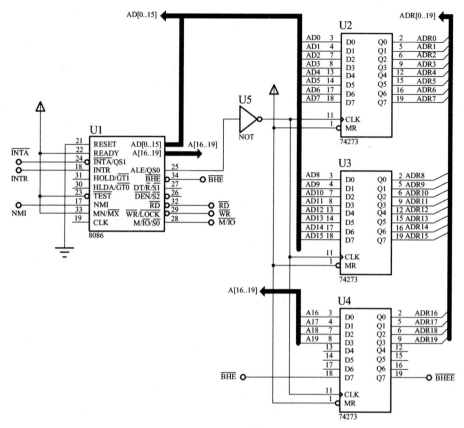

图 5-54　步进电机控制实验电路图 1

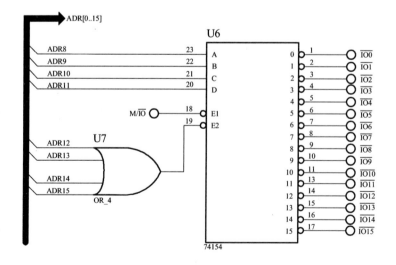

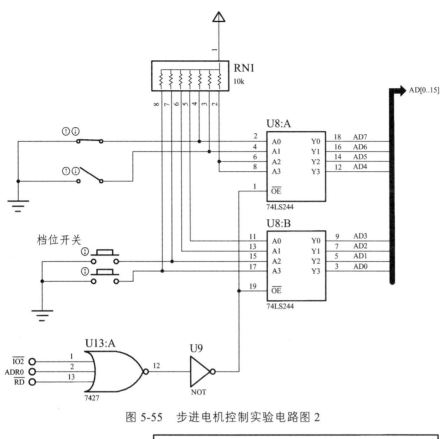

图 5-55 步进电机控制实验电路图 2

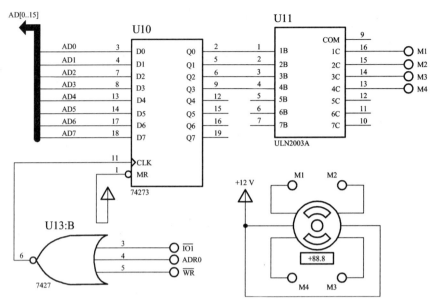

图 5-56 步进电机控制实验电路图 3

2. 程序编写、编译

汇编语言参考程序：A5-15.ASM。

A5-15.ASM 下载

```
CODE  SEGMENT 'CODE'
ASSUME  CS:CODE,DS:DATA,SS:STACK
LCD_CMD_WR EQU 0900H
LCD_DATA_WR EQU 0902H
MOTOR_ADDR  EQU 0100H
SWITCH_ADDR  EQU 0200H
START:
    MOV AX,DATA
    MOV DS,AX
    MOV AX,STACK
    MOV SS,AX
    MOV AX,TOP
    MOV SP,AX
InitialLCM:
    MOV  AX,38H  ;设置液晶工作模式,意思:20*2行显示,5*7点阵,8位数据
    CALL  WRCMD
    MOV  AX,0CH  ;开显示不显示光标
    CALL  WRCMD
    MOV  AX,01H  ;清显示
    CALL  WRCMD
```

```
        MOV   AX,06H   ;整屏不移动，光标自动右移
        CALL  WRCMD
ResetStepper:
        MOV  SI,4   ;初始角编号，不可为 0 或 7
        MOV DX,MOTOR_ADDR
        MOV AL,STEPWORD[SI]   ;设置初始角度
        OUT DX,AL
STOPM:  ;初始态，开关全开，显示 S 停机，速度 0
        MOV LINE1X,offset line1S
        LEA  DI,line2
        MOV BYTE PTR [DI+10],'0'
        CALL DISP
Scanswitch:
        MOV  DX,SWITCH_ADDR
        IN  AL,DX   ;D6-D7 为方向控制，D0-D1 为转速控制
        CMP  AL,BL
        JZ  Scanswitch   ;开关状态未变
CHANGE:
        MOV BL,AL
        TEST AL,0C0H   ;方向开关全闭合检测
        JZ STOPM
        NOT AL   ;方向开关全开放检测
        TEST AL,0C0H
        JZ  STOPM
        TEST AL,03H   ;检测是否选好档位
        JZ SPEED0
        TEST AL,080H            ;正向开关闭合检测
        JNZ FOREWARD
        TEST AL,040H   ;反向开关闭合检测
        JNZ BACKWARD
        JMP Scanswitch
 FOREWARD:  ;开关有效，显示 C 正向，速度
        AND AL,03H
        MOV BH,AL   ;档位暂存
        MOV LINE1X,offset line1C
        LEA  DI,line2
        ADD  AL,30H
        MOV  BYTE PTR [DI+10],AL
        CALL  DISP
        INC  SI
        JMP   RUNF
```

```
    BACKWARD:  ;开关有效，显示A反向，速度
        AND AL,03H
        MOV BH,AL
        MOV LINE1X,offset line1A
        LEA  DI,line2
        ADD  AL,30H
        MOV  BYTE PTR [DI+10],AL
        CALL  DISP
        DEC   SI
        JMP   RUNB
    SPEED0:  ;开关有效，显示P选档，速度0
        MOV LINE1X,offset line1P
        LEA  DI,line2
        MOV  BYTE PTR [DI+10],'0'
        CALL  DISP
        JMP Scanswitch
    RUNF:  ;正向电机控制
        MOV DX,MOTOR_ADDR
        MOV AL,STEPWORD[SI]
        OUT DX,AL
        CALL STEPDELAY
        MOV DX,SWITCH_ADDR
        IN  AL,DX
        CMP  AL,BL
        JNZ  CHANGE
        INC  SI
        CMP SI,7
        JLE RUNF
        MOV  SI,0
        JMP  RUNF
    RUNB:  ;反向电机控制
        MOV DX,MOTOR_ADDR
        MOV AL,STEPWORD[SI]
        OUT DX,AL
        CALL STEPDELAY
        MOV DX,SWITCH_ADDR
        IN  AL,DX
        CMP  AL,BL
        JNZ  CHANGE
        DEC  SI
        CMP  SI,0
```

```
        JGE   RUNB
        MOV   SI,7
        JMP   RUNB
STEPDELAY  PROC
        PUSH  CX
        MOV   AL,BH
D0:     MOV   CX,1000
        LOOP  $
        DEC   AL
        JNZ   D0
        POP   CX
        RET
STEPDELAY  ENDP
DISP  PROC
        MOV   AX,01H    ;清显示
        CALL  WRCMD
        MOV   AX,80H
        MOV   CX,20
        MOV   DI,LINE1X
        CALL  WRDATA
        MOV   AX,0C0H
        MOV   CX,20
        LEA   DI,line2
        CALL  WRDATA
        ;CALL DELAY
        RET
DISP  ENDP
WRCMD  PROC   ;参数 ax，方式控制字
        MOV   DX,LCD_CMD_WR
        OUT   DX,AX
        CALL  DELAY
        RET
WRCMD  ENDP
WRDATA  PROC   ;参数 ax-行地址，cx-字符数，di-字符首地址
        CALL WRCMD   ;确定行地址：首行 80h，次行 0C0h
        MOV   DX,LCD_DATA_WR
WCH:    MOV   AL,[DI]
        OUT   DX,AL
        INC   DI
        LOOP  WCH
        RET
```

```
 WRDATA ENDP
 DELAY PROC
      PUSH  CX
      MOV  CX,100
      LOOP  $
      POP  CX
      RET
 DELAY  ENDP
 CODE  ENDS
 DATA  SEGMENT
      LINE1X DW  ?  ;存放当前显示的第一行地址
      line1S  DB  'ROTATE: <  STOP   > '
      line1P  DB  ' CHOOSE  THE  SPEED   '
      line1C  DB  'ROTATE: <Clockwise> '
      line1A  DB  'ROTATE: <Anticlock> '
      line2  DB  'SPEED : < 0 >       '
      ;STEPWORD DB 09H,08H,0CH,04H,06H,02H,03H,01H
      STEPWORD DB 01H,03H,02H,06H,04H,0CH,08H,09H
 DATA  ENDS
 STACK SEGMENT STACK
      SOFSS DB 100 DUP(?)
      TOP  EQU LENGTH SOFSS
 STACK  ENDS
 END START
```

3. 仿真调试

检查验证结果。

5.15.5　实验思考题

直流电机和步进电机的区别是什么？请完成直流电机控制电路及代码设计。

5.16　直流电机控制实验*

5.16.1　实验目的

（1）了解控制直流电机的基本原理。
（2）掌握控制直流电机转动的编程方法。
（3）掌握 Proteus 电路设计和代码设计方法。

5.16.2 实验内容

采用 8255 的 2 个 I/O 口来控制直流电机，编写程序，其中一个 I/O 口使用脉宽调制（PWM）对电机转速进行控制，另一个 I/O 口控制电机的转动方向。

5.16.3 实验原理

直流电动机的工作原理是将直流电源通过电刷接通电枢绕组，使电枢导体有电流流过。电机内部有磁场存在，载流的转子（即电枢）导体将受到电磁力 f 的作用 $f=BIL\sin\alpha$（左手定则）。所有导体产生的电磁力作用于转子，使转子以 n（r/min）旋转，以使拖动机械负载（见图 5-57）。

由于电机电枢回路电阻和电感都较小，而转动体具有一定的机械惯性，因此当电机接通电源后，起动的开始阶段电枢转速以及相应的反电动势很小，起动电流很大。最大可达额定电流的 15～20 倍。

这一电流会使电网受到扰动、机组受到机械冲击、换向器发生火花。因此直接合闸起动只适用于功率不大于 4 kW 的电动机（起动电流为额定电流的 6～8 倍）。

为了限制起动电流，常在电枢回路内串入专门设计的可变电阻。在起动过程中随着转速的不断升高及时逐级将各分段电阻短接，使起动电流限制在某一允许值以内。这种起动方法称为串电阻起动，非常简单，设备轻便，广泛应用于各种中小型直流电动机中。

但由于起动过程中能量消耗大，不适于经常起动的电机和中、大型直流电动机。对于某些特殊需求，如城市电车，虽经常起动，但为了简化设备，减轻重量和操作维修方便，还是通常采用串电阻起动方法。

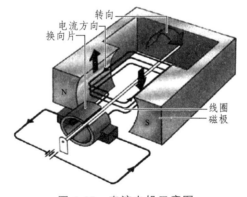

图 5-57　直流电机示意图

5.16.4 实验步骤

1. 绘制电路图

参考电路如图 5-58、图 5-59 所示。

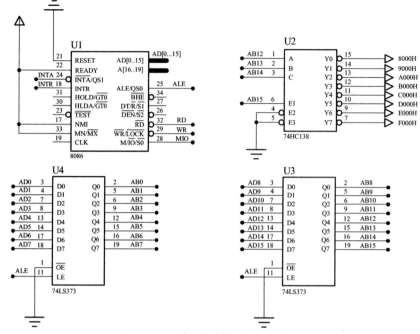

图 5-58　直流电机控制实验电路图 1

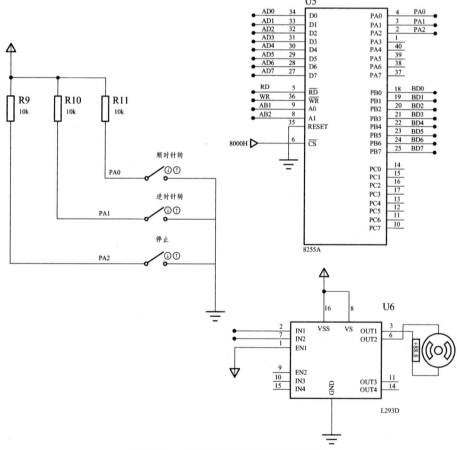

图 5-59　直流电机控制实验电路图 2

2. 程序编写、编译

汇编语言参考程序：**A5-16.ASM**。

A5-16.ASM 下载

```
CODE    SEGMENT 'CODE'
        ASSUME CS:CODE,SS:STACK,DS:DATA
IOCON   EQU 8006H
IOA     EQU 8000H
IOB     EQU 8002H
IOC     EQU 8004H

START:
        MOV AX, DATA
        MOV DS, AX
        MOV AX, STACK
        MOV SS, AX
        MOV AX, TOP
        MOV SP, AX

TEST_BU:
MOV AL,82H
        MOV DX,IOCON
        OUT DX,AL
        NOP
        NOP
        NOP

MOT1:
MOV DX,IOA
MOV AL,0FEH
OUT DX,AL
CALL DELAY
MOV DX,IOB
IN  AL,DX
TEST AL,02H
JE MOT2
MOV DX,IOA
MOV AL,0FFH
OUT DX,AL
CALL DELAY
        JMP MOT1
```

```
MOT2:
MOV DX,IOA
MOV AL,0FDH
OUT DX,AL
CALL DELAY
MOV DX,IOB
IN  AL,DX
TEST AL,01H
JE MOT1
MOV DX,IOA
MOV AL,0FFH
OUT DX,AL
CALL DELAY
        JMP MOT2
DELAY:
PUSH CX
MOV CX,0FH
DELAY1:
NOP
NOP
NOP
NOP
LOOP DELAY1
POP CX
RET
CODE ENDS

STACK   SEGMENT 'STACK'
STA     DB  100 DUP(?)
TOP     EQU LENGTH STA
STACK   ENDS
DATA    SEGMENT 'DATA'
DATA    ENDS
      END START
```

3. 仿真调试

检查验证结果。

5.16.5 实验思考题

直流电机调速的原理是什么?

附　录

附录 A　Proteus 个人版安装指南

Proteus 个人版安装指南

附录 B　Proteus 元件库元件名称及中英对照表

一、常见元件名称中英文对照

A

ALTERNATOR	交流发电机
AMMETER-MILLI mA	安培计
ANALOG ICS	模拟电路集成芯片
AND	与门
ANTENNA	天线

B

BATTERY	电池/电池组
BELL	铃/钟
BRIDEG 1	整流桥（二极管）
BRIDEG 2	整流桥（集成块）
BUFFER	缓冲器
BUZZER	蜂鸣器
BUS	总线
BVC	同轴电缆接插件

C

CAP	电容
CAPACITOR	电容器
CAPACITORS	电容集合
CAPACITOR POL	有极性电容
CAPVAR	可调电容
CIRCUIT BREAKER	熔断丝
CLOCK	时钟信号源
CMOS 4000 SERIES CONNECTORS	排座，排插
COAX	同轴电缆
CON	插口
COMPIM	串口
CRYSTAL	晶振

D

DAC DEBUGGING TOOLS	调试工具
DB	并行插口
DIODE	二极管

DIODE SCHOTTKY	稳压二极管
DIODE VARACTOR	变容二极管
DPY_3-SEG	3 段 LED
DPY_7-SEG	7 段 LED
DPY_7-SEG_DP	7 段 LED（带小数点）
DPY_7-SEG_DP	数码管
D-FLIPFLOP	D 触发器

E

ECL 10000 SERIES	各种常用集成电路
ELECTRO	电解电容
ELECTROMECHANICAL	电机

F

FUSE	熔断器/保险丝

G

GROUND	地

I

INDUCTOR	电感
INDUCTORS	变压器
INDUCTOR IRON	带铁芯电感
INDUCTOR3	可调电感

J

JFET NN	N 沟道场效应管
JFET PP	P 沟道场效应管

L

LAMP	灯泡/灯
LAMP NEDN	起辉器
LAPLACE PRIMITIVES	拉普拉斯变换
LED	发光二极管
LED-RED	红色发光二极管
LM016L	2 行 16 列液晶
LOGIC ANALYSER	逻辑分析器
LOGICPROBE	逻辑探针
LOGICPROBE[BIG]	逻辑探针
LOGICSTATE	逻辑状态
LOGICTOGGLE	逻辑触发

M

MASTERSWITCH	按钮
METER	仪表
MEMORY ICS	存储器芯片
MICROPROCESSOR ICS	微处理器芯片
MISCELLANEOUS	各种器件
MICROPHONE	麦克风
MODELLING PRIMITIVES	各种仿真器件
MOSFET	MOS 管
MOTOR	马达
MOTOR AC	交流电机
MOTOR SERVO	伺服电机

N

NAND	与非门
NOT	非门
NOR	或非门
NPN	三极管
NPN-PHOTO	感光三极管

O

OPAMP	运放
OPTOELECTRONICS	各种发光器件发光二极管，LED，液晶等等
OR	或门

P

PELAY-DPDT	双刀双掷继电器
PHOTO	感光二极管
PLDs & FPGA RESISTORS	各种电阻
PLUG	插头
PLUG AC FEMALE	三相交流插头
PNP	三极管
POT	滑线变阻器
POT-LIN	三引线可变电阻器
POWER	电源

R

RES	电阻
RESISTOR	电阻器
RESISTOR BRIDGE	桥式电阻

S

SCR	晶闸管
SIMULATOR PRIMITIVES	常用的器件
SOCKET	插座
SOURCE CURRENT	电流源
SOURCE VOLTAGE	电压源
SPEAKER	扬声器
SPEAKER & SOUNDERS	喇叭，扬声器
SW	开关
SW-DPDY	双刀双掷开关
SW-SPST	单刀单掷开关 SW-PB 按钮
SWITCH-SPDT	二选通一按钮
SW-SPDT-mom	二选通一按钮触发开关
SWITCHES&RELAYS	开关，继电器，键盘
SWITCHING DEVICES	晶闸管

T

THERMISTOR	电热调节器
TRANS1	变压器
TRANS2	可调变压器
TRIAC	三端双向可控硅
TRIODE	三极真空管
TRANSISTOR	晶体管（三极管，场效应管）

V

VARISTOR	变阻器
VOLTMETER	伏特计
VOLTMETER-MILLI mV	伏特计
VTERM	串行口终端

Z

ZENER	齐纳二极管
1N914	二极管
4013	D 触发器
4027	JK 触发器
7407	驱动门
74LS00	与非门
74LS04	非门
74LS08	与门
74LS390 TTL	双十进制计数器

7SEG	4 针 BCD-LED
7SEG	数码管

二、部分元件属性对话框中英文对照

DESIGNATOR	元件称号
DRAWING TOOLS	绘图工具栏
FOOTPRINT	器件封装
LIB REF	元件名称
PART	器件类别或标示值
SCHEMATIC TOOLS	主工具栏
WRITING TOOLS	连线工具栏

三、常用库文件

1. 原理图常用库文件

DALLAS MICROPROCESSOR.DDB

INTEL DATABOOKS.DDB

MISCELLANEOUS DEVICES.DDB

PROTEL DOS SCHEMATIC LIBARARIES.DDB

2. PCB 元件常用库文件

ADVPCB.DDB

GENERAL IC.DDB

MISCELLANEOUS.DDB

3. 其他元件常用库文件

ACTIVE.LIB	包括虚拟仪器和有源器件
ANALOG.LIB	包括电源调节器、运放和数据采样 IC
ASIMMDLS.LIB	包括模拟元器件
BIPOLAR.LIB	包括三极管
CAPACITORS.LIB	包括电容
CMOS.LIB	包括 4000 系列
DEVICE.LIB	包括电阻、电容、二极管、三极管和 PCB 的连接器符号
DIODE.LIB	包括二极管和整流桥
DISPLAY.LIB	包括 LCD、LED
FET.LIB	包括场效应管
ECL.LIB	包括 ECL10000 系列
FAIRCHLD.LIB	包括 FAIRCHLD 半导体公司的分立器件

LINTEC.LIB	包括 LINTEC 公司的运算放大器
MICRO.LIB	包括通用微处理器
NATDAC.LIB	包括国家半导体公司的数字采样器件
NATOA.LIB	包括国家半导体公司的运算放大器
OPAMP.LIB	包括运算放大器
PROTEL SCHEMATIC ANALOG DIGITAL.LIB	模拟数字式集成块元件库
PROTEL DOS SCHEMATIC COMPARATOR.LIB	比较放大器元件库
PROTEL DOS SCHEMATIC INTEL.LIB	INTEL 公司生产的 80 系列 CPU 集成块元件库
PROTEL DOS SCHEMATIC LINEAR.LIB	线性元件库
PROTEL DOS SCHEMATIC MEMORY DEVICES.LIB	内存存储器元件库
PROTEL DOS SCHEMATIC SYNERTEK.LIB	SY 系列集成块元件库
PROTEL DOS SCHEMATIC MOTORLLA.LIB	摩托罗拉公司生产的元件库
PROTEL DOS SCHEMATIC NEC.LIB	NEC 公司生产的集成块元件库
PROTEL DOS SCHEMATIC OPERATIONEL AMPLIFERS.LIB	运算放大器元件库
PROTEL DOS SCHEMATIC TTL.LIB	晶体管集成块元件库 74 系列
PROTEL DOS SCHEMATIC VOLTAGE REGULATOR.LIB	电压调整集成块元件库
PROTEL DOS SCHEMATIC 4000 COMS.LIB	40 系列 CMOS 管集成块元件库
PROTEL DOS SCHEMATIC ZILOG.LIB	齐格格公司生产的 Z80 系列 CPU 集成块元件库
RESISTORS.LIB	包括电阻
TECOOR.LIB	包括 TECOOR 公司的 SCR 和 TRIAC
TEXOAC.LIB	包括德州仪器公司的运算放大器和比较器
VALVES .LIB	包括电子管
ZETEX.LIB	包括 ZETEX 公司的分立器件

参考文献

[1] 顾晖，陈越，梁惺彦. 微机原理与接口技术实验及实践教程——基于 8086 和 Proteus 仿真[M]. 3 版. 北京：电子工业出版社，2011.

[2] 张颖超，叶彦斐，陈逸菲等. 微机原理与接口技术[M]. 2 版. 北京：电子工业出版社，2011.

[3] 陈逸菲，孙宁等. 微机原理与接口技术实验及实践教程——基于 Proteus 仿真[M]. 北京：电子工业出版社，2016.

[4] 马宏锋. 微机原理与接口技术实验及实践教程——基于 8086 和 Proteus 仿真[M]. 西安：西安电子科技大学出版社，2016.

[5] 西安唐都科教仪器公司. 80x86 微机原理与接口技术用户手册[Z]. 2015.

[6] 西安唐都科教仪器公司. 80x86 微机原理与接口技术实验教程[Z]. 2015.